設計技術シリーズ

高速デジタル信号伝送回路の設計と評価法
～基礎から実践演習まで～

［著］

芝浦工業大学

前多 正

科学情報出版株式会社

序　章

　パソコンなどのコンピュータ（PC）の中央演算処理装置（CPU）の速度（クロック周波数）は、CMOS プロセスの微細化の恩恵で GHz を超えるまでに高速化し、これによりコンピュータの処理性能が飛躍的に向上した。その後、発熱の問題でクロック周波数のみに依存する CPU 性能向上が限界になると、チップ内に複数の CPU コアを有し、並列演算によって情報を高速に処理するマルチコア化で、コンピュータの性能向上が進められてきた。

　一方、マルチコア化で CPU の処理速度が向上しても、数 GHz 以上の高周波領域で動作するコンピュータシステムの処理性能は、PC システムの中枢であるマザーボード上に実装されたチップ間（CPU、メモリやチップセットなど）やボード間、機器間を接続するインターフェースである、バスと呼ばれる伝送路のデータ転送速度がボトルネックとなり、性能向上ができないことも明らかになっている。例えば、CPU とメモリ間バスの転送速度が遅いと、CPU はデータが利用できるまで処理を待つ必要があるために、CPU が本来持つ性能を引き出せない。バスの転送速度を高くするためには、チップ間やボード間を接続する伝送線路を高速信号が伝搬する際の特殊な挙動を踏まえた設計が必要である。高周波領域では、信号の減衰、反射、リンギングと呼ばれる振動や、配線間のクロストーク（漏話）現象などが発生しやすい。これらの挙動を理解せず、その影響を低減するよう設計を行わないと、システムが思い通りに動作しない不具合が頻発する。

　本書は、大学の学部 3 年生及び 4 年生を対象に、半年程度の講義で、上述した高速デジタル信号の伝送技術を修得することを想定して書かれており、将来、誤動作を起こさない高速システム設計ができ、さらに、不具合を起こしたシステムの問題点を見つけることができる技術者になるために、必要となる技術を広範囲にまとめたものである。

　ここでは、電子機器を構成するデジタル CMOS 回路のハードウェアの設計手法の基本、伝送線路の信号品質設計と、差動信号回路、クロック

回路、及びグラウンドバウンスや、システムの周波数応答と時間軸応答の関係とSパラメータによる回路網の評価法について概説する。本書で必要となる、微積分、微分方程式の解法、フーリエ級数展開、フーリエ変換、ラプラス変換などの数学的な基礎は、参考文献として紹介しているので参考にしていただきたい。また、各章、各節で、具体的数値を例として設問を提示している。これにより、理解を深める一助になればと考えている。

　最後に、『科学情報出版書籍編集部』の方々をはじめ、本書を執筆するにあたり、お世話になった方々に深謝いたします。

目　　次

3章　回路の高周波特性評価・演習問題

4章　Gbps動作高速回路の設計（回路上の対策）・演習問題

1章

パルス信号の周波数成分
・演習問題

図 1.1 に示したデジタル信号は、「0」または「1」の 2 値の意味をもつ
パルス（pulse）形状を有しており、雑音が信号に重畳しても値の識別に
影響を及ぼしにくいことや、同じ情報量を送信する場合にアナログ信号
に比較して圧縮しやすいという利点があることから、高速信号の伝送に
用いられる。

　この図で示した波形は、「0」と「1」の情報が交互に繰り返して送受信
される（デューティ 50 % の）、振幅が 1 V のパルス波で、繰り返し周波
数は 2 GHz である。この信号が受信されたとき、「0」と「1」の識別レベ
ルを 0.5 V として、−125 psec、+125 psec の時点で行えば、十分余裕を
もって「0」「1」の判定ができる。

　デジタル信号を高速伝送するには、パルス幅を短縮すると同時に、そ
の時間間隔を短くし、パルスを送る速度を速くすれば良い。この結果、
パルス信号の繰り返し周波数は高くなるので、回路や信号の伝送路も高
い周波数に対応するように設計する必要が出てくる。回路や伝送路の設
計において、その特性を調べるために、時間軸を横軸として信号解析す
ることを「時間領域：タイムドメイン」解析という。回路や伝送路を通
過した信号をタイムドメインで解析すれば、信号の時間変化を見ること

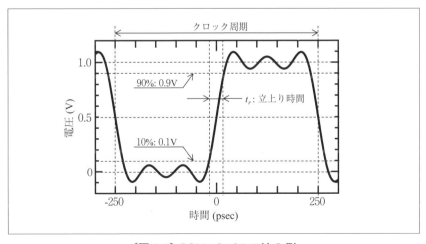

〔図 1.1〕2GHz のパルス波の例

ができる。

　タイムドメインにおけるパルス信号を表す指標には、信号周期、パルス幅、立ち上がり／立下り時間がある。立ち上がり時間は、図1.1 に示したように信号電位がロウレベルからハイレベルに達するまでの時間で、指定のない場合には、信号が最終値の 10 ％から 90 ％になるまでの時間を 10-90 ％立ち上がり時間として定義されている。この他にも信号が最終値の 20% から 80% に達するまでの時間である 20-80 ％立ち上がり時間がある。立ち上がり時間／立下り時間は、一般的に、信号周期の 10 ％以下になるように設計すべきであるが、回路の性能や伝送線路の特性によって、どのように波形が変化するのかを理解して設計をすべきである。パルス波形には、その立ち上がり部分と立下り部分に繰り返し周波数（基本周波数）以上の高い高調波成分（基本周波数の整数倍の周波数）が含まれており、この成分も同時に正しく伝送処理されないと、元の情報を取り出すことができなくなる。

1−1　パルス信号波形と周波数スペクトラム

　伝送路や回路を伝搬する信号の周波数成分を分離、特定する手法に、「周波数領域:周波数ドメイン」解析がある。フーリエ級数展開によれば、周波数の異なる正弦波は互いに直交している（互いに分離できる）ことから、時間ドメインの信号波形は、周波数成分ごとに分けた正弦波の和によって生成できる [1][2]。このような考えを基にした周波数ドメイン解析を、図1.2を用いて説明する。時間ドメインの波形は、時間と振幅の２軸で表した図であり、周波数ごとに分離した成分を周波数軸と時間軸の２軸でプロットした図は、周波数ドメインの解析結果である。時間ドメインの解析結果は、この３次元図で横軸を時間、縦軸を振幅として眺めている図として考えることができる。この波形をフーリエ変換して、周波数成分ごとの正弦波として時間と周波数の軸で表した波形を時間軸

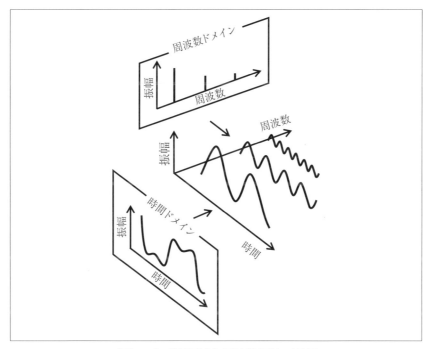

〔図 1.2〕時間領域と周波数領域の関係

上の各点で足し合わせると、元の時間波形（時間ドメインの波形）が得られる。また、3 次元図を、横軸を周波数、縦軸を振幅とした 2 軸で確認すると、周波数ドメインの図が得られる。各周波数で現れる垂直線は、信号の「スペクトラム」と呼ばれ、各周波数成分の大きさを示している。このように、時間ドメインと周波数ドメインは視点が異なるだけで、扱っている情報（事象）は同じであるので、どちらかの手段で解析が困難な場合には、別の手法を検討することが有効である。例えば、周波数ドメインで信号を解析すると、時間ドメインではわからなかった事象を明確に表すことができる。その例を、図 1.3 を用いて説明する。

　図 1.3（a）は、標準偏差 0.2 V、中心値 0 V のガウス分布に従う雑音に、周波数 2 KHz で振幅 0.03 V の正弦波及び、周波数 6 KHz で振幅 0.05 V の正弦波信号が重畳した時間ドメインの波形を示したものである。この図でわかるように時間ドメインでは、正弦波信号は雑音に埋もれて確認することができない。同図（b）は、このデータをフーリエ変換して [1]、周波数ドメインで表わしたものである。雑音成分はランダムであるので、特定の周波数で大きな強度を持たず、広い周波数にわたって均一な強度をもつ一方、正弦波信号は、規則的な周波数成分をもつので、その強度がはっきりと見える。周波数ドメインは、このように小さくても重要な現象を解析するために有効であることが分かる。

　図 1.4（a）は、デューティ 50 %（「0」と「1」の幅が同じ）のパルス波形が、第 3 次高調波成分までしか通過しない伝送路を経由した信号波形

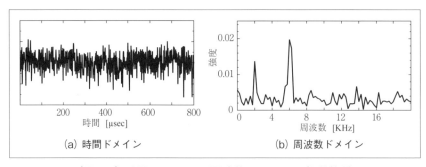

〔図 1.3〕時間ドメインと周波数ドメインの信号比較

と、第29次高調波まで通過できる伝送路を経由した信号波形を比較した結果である。図 (a) から、伝送路が高い周波数成分を通さない場合には、波形が急峻に変化しなくなり、パルス幅を短くすれば、波形の「0」「1」の区別ができなくなるであろうことが予測できる。さらに、同図 (b) では、波形の立ち上がり部分を拡大して示した。この図では、第3次、第5次、第29次高調波成分を通過できる伝送路の場合を比較している。繰り返し周波数が2 GHz（信号周期500 psec）であるので、周期の10 %の立ち上がり時間（50 psec）とするには、少なくとも第3次高調波成分まで通過できる伝送路にするべきとわかる。

　次に、矩形波のデューティ比（パルス周期に対するパルス幅の比）が小さい場合について考える。2 GHz の周期で50 psec のパルス幅を持つ波形の場合、デューティ比は10 %となる。この信号を、（全ての周波数が通過できない）帯域制限された伝送路や回路を通過させた場合の出力波形の様子を図1.5 に示した。第3次の高調波信号までしか通過できない伝送路では、パルスの振幅が著しく減少していることが分かる。低デューティの波形には、高い次数の高調波成分が多く含まれていることから、（繰り返し周波数が低く）周期が長い場合であっても、より高い周波数まで対応できるよう伝送路を選定すべきである。

　図1.6 は、デューティ10 %と5 %の矩形繰り返し波形の周波数成分をフーリエ級数展開して、基本波の次数ごとにプロットした図である。

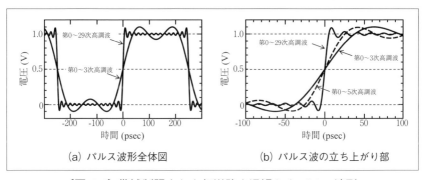

（a）パルス波形全体図　　　　（b）パルス波の立ち上がり部

〔図1.4〕帯域制限された伝送路を通過したパルス波形

デューティが10％の矩形波信号に含まれる高周波（高調波）成分は、基本波及び、その近傍に集中している。一方で、5％デューティ矩形波の高調波成分は、低周波域から高周波域まで同じレベルで分布している。従って、デューティが低い波形を生成、または再現するためには、（高周波帯の成分まで通過できるように）回路が動作可能な周波数帯域を高くする必要があるとわかる。

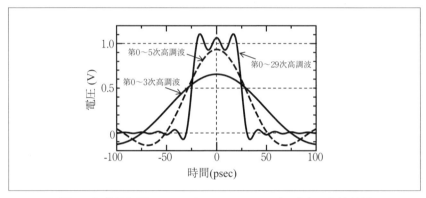

〔図1.5〕帯域制限されたデューティ10％矩形波の応答特性

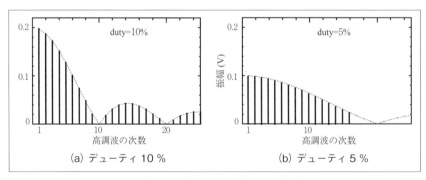

〔図1.6〕矩形繰り返し波の周波数成分

1−2　回路のステップ応答と周波数応答の関係

　本節では、図 1.7 に示した 1 次ローパスフィルタ回路（抵抗 R と容量 C の時定数は $\tau = CR$）にステップ信号を入力した場合の応答特性を例に、時間ドメインと周波数ドメインの関係を説明する。時間ドメインでは、この回路の出力応答特性は、出力振幅の最大値を 1 V とすると、

$$v(t) = 1 - e^{-t/\tau} \quad\cdots\cdots\cdots\cdots\cdots\cdots\cdots\cdots\cdots\cdots\cdots (1\text{-}1)$$

となる。

　ここで、出力電圧の 10‑90 % 立ち上がり時間 t_r を、（1-1）式を用いて計算すると、

$$t_r = t_{90\%} - t_{10\%} = \tau\{\ln(0.9) - \ln(0.1)\} \simeq 2.2\tau \quad\cdots\cdots\cdots\cdots (1\text{-}2)$$

が得られる。この応答特性を、図 1.8 (a) に示した。

　一方、同じ時定数 $\tau = 1/\omega_0$ をもつ図 1.7 の回路に正弦波を入力した場合の出力電圧は、

$$v(t) = \frac{1}{\sqrt{1 + (\omega\tau)^2}} \sin(\omega t - \phi)$$
$$\phi = \tan^{-1}(\omega\tau) \quad\cdots\cdots\cdots\cdots\cdots\cdots\cdots\cdots\cdots (1\text{-}3)$$

で与えられる。図 1.8 (b) は、式（1-3）で表された波形の出力振幅を、規格化した帯域（ω/ω_0）をパラメータとした周波数特性である。この出力振幅が、−3 dB（$1/\sqrt{2}$）になる周波数が周波数ドメインにおける帯域 f_{-3dB} と定義されるので、

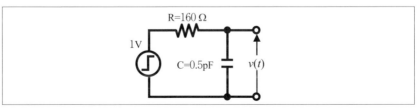

〔図 1.7〕1 次ローパス回路

$$f_{-3dB} = \frac{1}{2\pi\tau} \quad \cdots\cdots\cdots\cdots\cdots\cdots\cdots\cdots\cdots\cdots\cdots\cdots \quad (1\text{-}4)$$

が得られる。従って、時間ドメインの立ち上がり時間と、周波数ドメインの帯域の関係は、

$$t_r = 2.2\tau = \frac{2.2}{2\pi f_{-3dB}} = \frac{0.35}{f_{-3dB}} \quad \cdots\cdots\cdots\cdots\cdots\cdots\cdots\cdots \quad (1\text{-}5)$$

と導き出せる。式（1-5）を用いて計算すると、繰り返し周波数が 2 GHz の矩形波の立ち上がり時間を、周期の 10 %（t_r=50 psec）とする条件で計算すると、f_{-3dB} は 7 GHz（ほぼ 3 次高調波）となり、時間ドメインの考察結果と一致していることがわかる [6][7]。

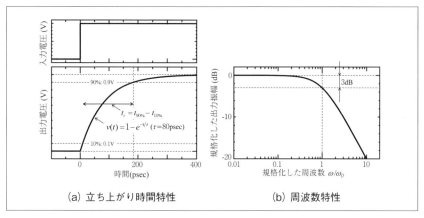

(a) 立ち上がり時間特性　　　　(b) 周波数特性

〔図 1.8〕回路の帯域と立ち上がり時間の関係

1－3　線形時不変システム

　以降では、実際の回路や伝送線路を解析するために、線形時不変システム（Linear Time-invariant System：LTI System）を仮定して、伝送線路や回路の伝達関数特性を特定する方法について述べる。LTI システムとは、入力 $x(t)$ に対して、出力が $y(t)$ となるシステムで、以下の3つの条件を満足するときをいう。

1）線形性（Linearity）

　入力信号 $x(t)$ が定数倍（a 倍）されると、出力 $y(t)$ も同様に定数倍となる比例の関係を持つシステムに、複数の信号を重ねあわせて入力した場合には、それぞれの信号を加算した信号が出力される、重ね合せの原理が成立する。すなわち、入力 $x(t)=a_1x_1(t)+a_2x_2(t)$ に対して、出力が $y(t)=a_1y_1(t)+a_2y_2(t)$ となる。

2）時（間）不変（time-invariant）

　入力が、$x(t-t_0)$ と遅れると、出力も $y(t-t_0)$ となる。すなわち、時間原点の取り方によらず、システムの応答が決まる。

3）因果律 (causality)

　入力が印加される前（$t<0$）に、出力 $y(t)$ は現れない。

　線形システムであれば、特定の周波数成分をもつ正弦波が入力されると、同じ周波数成分の正弦波が出力される。その様子は、図1.2で示したような周波数ドメインで線スペクトルとなって現れる。一方で、出力の振幅と位相はシステムの特性（伝達関数）によって異なる。線形システムの特性が記述できれば、入力信号から、出力信号を計算で求めたり、逆に出力から、その入力を計算（数式化）したりすることも可能である。

　システム特性を求めるには、周波数依存性のないインパルス（δ 関数）信号を入力したときの応答（インパルス応答）を確認すればよい。インパルス信号とは、図1.9 (a) に示したように、時間 $t=0$ でのみ∞の値をもち、

$$\delta(t) = \begin{cases} \infty & t = 0 \\ 0 & t \neq 0 \end{cases} \quad \cdots\cdots\cdots\cdots\cdots\cdots\cdots\cdots\cdots\cdots\cdots\cdots\cdots \quad (1\text{-}6)$$

さらに、全時間領域で積分すると 1 の値をもつ関数である。

$$\int_{-\infty}^{\infty} \delta(t)\,dt = 1 \quad \cdots\cdots\cdots\cdots\cdots\cdots\cdots\cdots\cdots\cdots\cdots\cdots\cdots\cdots \quad (1\text{-}7)$$

この関数を周波数ドメインでみるために、フーリエ変換すると、

$$F(\omega) = \int_{-\infty}^{\infty} \delta(t)e^{-j\omega t}\,dt = \int_{-\infty}^{\infty} 1 \times e^{-j\omega 0}\,dt = 1 \quad \cdots\cdots\cdots\cdots\cdots \quad (1\text{-}8)$$

となる。この周波数特性を図 1.9 (b) に示した。この結果より、すべての周波数で一様に値 1 をとり、周波数依存性がないことがわかる。

　インパルス応答でシステムの特性が求められることを、図 1.10 を用いて説明する [3]。

　同図 (a) に示す信号 $f(t)$ を考える。入力 $f(t)$ を微小区間 $\Delta\tau$ で等間隔

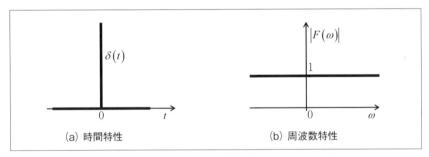

(a) 時間特性　　　　　　　　(b) 周波数特性

〔図 1.9〕デルタ関数の時間特性と周波数特性

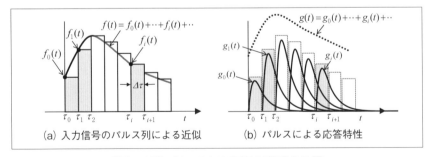

(a) 入力信号のパルス列による近似　　(b) パルスによる応答特性

〔図 1.10〕インパルス応答を説明する図

に分割し、

$$f_i(t) = \begin{cases} f(t) & (\tau_i \le t \le \tau_{i+1}) \\ 0 & (t < \tau_i, \tau_{i+1} < t) \end{cases} \quad \cdots\cdots\cdots\cdots\cdots\cdots\cdots \quad (1\text{-}9)$$

を考える（図 1.10a）。次に、この微小区間をほぼ等しい面積のインパルスで置き換えると、

$$f_i(t) \cong f(\tau_i)\Delta\tau \cdot \delta(t-\tau_i) \quad \cdots\cdots\cdots\cdots\cdots\cdots\cdots \quad (1\text{-}10)$$

と表すことができ、入力 $f(t)$ は要素の総和

$$f(t) = f_0(t) + f_1(t) + f_2(t) + \cdots + f_i(t) + \cdots \quad \cdots\cdots\cdots\cdots \quad (1\text{-}11)$$

となる。

　この微小区間に対するインパルス応答を $h(t)$ とすると、出力は

$$g_i(t) \cong g(\tau_i)\Delta\tau \cdot h(t-\tau_i) \quad \cdots\cdots\cdots\cdots\cdots\cdots\cdots \quad (1\text{-}12)$$

となる。従って、任意の微小区間の信号 $f_i(t)$ に起因するシステムの応答 $g_i(t)$ を、入力が印加された時から加算すると、出力 $g(t)$ が以下のよう求められる。

$$\begin{aligned} g(t) &\cong g_0(t) + g_1(t) + g_2(t) + \cdots + g_i(t) + \cdots \\ &= f(0)\Delta\tau \cdot h(t) + \cdots + f(\tau_i)\Delta\tau \cdot h(t-\tau_i) + \cdots \\ &= \sum_i f(\tau_i)h(t-\tau_i)\Delta\tau \quad\quad\quad \cdots\cdots\cdots \quad (1\text{-}13) \end{aligned}$$

ここで、微小区間の極限をとれば、任意の入力 $f(t)$ に対する出力 $g(t)$ は、インパルス応答 $h(t)$ を用いた「畳み込み積分」となることがわかる。

$$g(t) = \int_{-\infty}^{\infty} f(\tau)h(t-\tau)d\tau \quad \cdots\cdots\cdots\cdots\cdots\cdots\cdots \quad (1\text{-}14)$$

次に、出力 $g(t)$ のフーリエ変換を、$x = t - \tau$ とする変数変換で求めると、

$$G(\omega) = \int_{-\infty}^{\infty} g(t) e^{-j\omega t} dt = \int_{-\infty}^{\infty} \left\{ \int_{-\infty}^{\infty} f(\tau) h(t-\tau) d\tau \right\} e^{-j\omega t} dt$$

$$= \int_{-\infty}^{\infty} f(\tau) e^{-j\omega\tau} \left\{ \int_{-\infty}^{\infty} h(x) e^{-j\omega x} dx \right\} d\tau$$

$$= \int_{-\infty}^{\infty} f(\tau) e^{-j\omega\tau} \left\{ H(\omega) \right\} d\tau = H(\omega) F(\omega) \qquad \cdots (1\text{-}15)$$

出力 $g(t)$ のフーリエ変換 $G(\omega)$ は、入力 $f(t)$ のフーリエ変換 $F(\omega)$ と、インパルス応答 $h(t)$ のフーリエ変換 $H(\omega)$ の積で表される。ここで、$H(\omega)$ は伝達関数と呼ばれ、

$$H(\omega) = \int_{-\infty}^{\infty} h(t) \varepsilon^{-j\omega t} dt \quad \cdots\cdots\cdots\cdots\cdots\cdots\cdots\cdots\cdots\cdots\cdots (1\text{-}16)$$

と定義される。

　線形システムにインパルス信号または任意の波形を入力した際の特性は、フーリエ変換及び逆フーリエ変換で、図 1.11 のように関係づけることができる。

　このように、伝送線路や回路の特性は、インパルス信号を入力したときの応答をみることで知ることができる。入力波形の関数が分かっている場合には、フーリエ変換により、その周波数特性を求めることができる。図 1.12 (a) に示した孤立パルス波の場合、フーリエ変換を施すと、

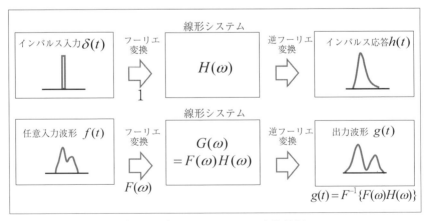

〔図 1.11〕設計システムの応答特性

$$F(\omega) = \int_{-\infty}^{\infty} f(t)e^{-j\omega t}\,dt = \int_{-T/2}^{T/2} Ee^{-j\omega t}\,dt = \frac{E}{-j\omega}\left[e^{-j\omega t}\right]_{-T/2}^{T/2}$$

$$= \frac{E}{-j\omega}\left[-j2\sin\frac{\omega T}{2}\right] = \frac{2E}{\omega}\sin\frac{\omega T}{2} = ET\frac{\sin\dfrac{\omega T}{2}}{\dfrac{\omega T}{2}} = ET\operatorname{sinc}\left(\frac{\omega T}{2}\right)$$

$$\cdots (1\text{-}17)$$

と求められる。ここで、$\sin x/x$ を sinc 関数という。この関数は $x = \pm\pi$、
$\pm2\pi$、・・で 0 となり、

$$\lim_{x\to0}\frac{\sin x}{x} = 1$$

である。また、この周波数特性を同図 (b) に示した。

　図 1.13 は、孤立パルス波の（振幅の絶対値をデシベル表示した）周波
数スペクトルである。高周波になるにつれて、その成分が -20 dB/dec
で減衰していることがわかる。この結果を踏まえ、信号情報を正しく伝
送するためには、入力波形の周波数成分から伝送線路に必要な帯域を計
算することが重要となる。

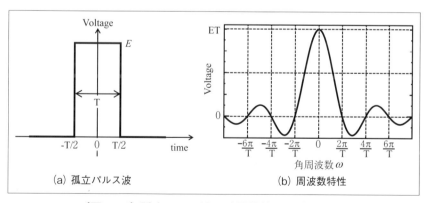

〔図 1.12〕孤立パルス波の時間特性と周波数特性

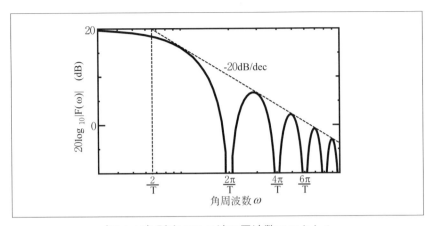

〔図 1.13〕孤立パルス波の周波数スペクトル

1－4　状態方程式モデル

　伝達関数は、入力と出力が1対1の関係で、回路の中身はブラックボックス化して扱っている。しかし、一般の回路システムでは、多入力多出力となることもあり、回路の入出力の導関数を知ることも必要になることがある。そのような回路の内部状態を記述するには、状態方程式モデルが適している。状態方程式は、状態変数を使って1階の微分方程式で表記できるので、難解な微分方程式でも扱う事が出来るという利点がある。

　状態方程式は、状態変数 $x(t)$ と入力 $u(t)$、出力 $y(t)$ とすれば、次の連立方程式で表される [3][4][5]。尚、一般的には、$\boldsymbol{A}$、$\boldsymbol{B}$、$\boldsymbol{C}$、$\boldsymbol{D}$ 及び変数はベクトルである。

$$\begin{cases} \dfrac{d\mathbf{x}(t)}{dt} = \mathbf{A} \times \mathbf{x}(t) + \mathbf{B} \times \mathbf{u}(t) \\ \mathbf{y}(t) = \mathbf{C} \times \mathbf{x}(t) + \mathbf{D} \times \mathbf{u}(t) \end{cases} \quad \cdots\cdots\cdots\cdots\cdots\cdots\cdots\cdots \text{(1-18)}$$

　式（1-18）の最初の式は、現在の入力変数 $u(t)$ と状態変数 $x(t)$ により、状態変数の変化率 $dx(t)/dt$ が決まることを意味しており、変化率をもとに、時間が進行したときの状態変数の値が計算できる。第二式は、現在の状態変数の値と入力の値によって出力が決定されることを示しており、これら2つの式から、状態変数の時間的な変化で、出力も時間的に変化をすることがわかる。

　式（1-18）の第一式で示した状態方程式は微分方程式なので、ラプラス変換により s ドメインで解を求め、逆ラプラス変換で、時間ドメインに変換する手順により、伝達関数や時間依存の解を求めることができる。初期値を $x(0)$ として、ラプラス変換した微分方程式は、

$$s\mathbf{X}(s) - \mathbf{x}(0) = \mathbf{A}\mathbf{X}(s) + \mathbf{B}\mathbf{U}(s) \quad \cdots\cdots\cdots\cdots\cdots\cdots\cdots \text{(1-19)}$$

となる。ここで、s はスカラー量であるので、単位行列 I を導入して式を変形すると、

$$(s\mathbf{I} - \mathbf{A})\mathbf{X}(s) = \mathbf{x}(0) + \mathbf{B}U(s)$$
$$\mathbf{X}(s) = (s\mathbf{I} - \mathbf{A})^{-1}\mathbf{x}(0) + (s\mathbf{I} - \mathbf{A})^{-1}\mathbf{B}U(s) \qquad \cdots\cdots\cdots\cdots \text{(1-20)}$$

となる。

一般解を求めるために、下記に示す状態遷移行列 $\varPhi$ を導入する。

$$\mathbf{\Phi}(t) = \mathfrak{I}^{-1}\left[\mathbf{\Phi}(s)\right] = \mathfrak{I}^{-1}\left[(s\mathbf{I} - \mathbf{A})^{-1}\right] \qquad \cdots\cdots\cdots\cdots\cdots \text{(1-21)}$$

尚、この状態遷移行列は、（1-13）式から、解の候補として

$$\mathbf{\Phi}(t) = e^{\mathbf{A}t} \qquad \cdots\cdots\cdots\cdots\cdots\cdots\cdots\cdots\cdots\cdots\cdots\cdots\cdots\cdots \text{(1-22)}$$

を仮定できる。

状態方程式は、状態遷移行列のラプラス変換 $\varPhi(s)$ を用いて

$$\mathbf{X}(s) = \mathbf{\Phi}(s)\mathbf{x}(0) + \mathbf{\Phi}(s)\mathbf{B}U(s) \qquad \cdots\cdots\cdots\cdots\cdots\cdots\cdots \text{(1-23)}$$

と表せるので、時間応答の解は、逆ラプラス変換すると、畳み込み積分により、

$$\mathbf{x}(t) = \mathbf{\Phi}(t)\mathbf{x}(0) + \int_0^t \mathbf{\Phi}(t-\tau)\mathbf{B}U(\tau)d\tau = \mathbf{\Phi}(t)\mathbf{x}(0) + \int_0^t \mathbf{\Phi}(t)\mathbf{B}U(t-\tau)d\tau$$

$$= e^{\mathbf{A}t}\mathbf{x}(0) + \int_0^t e^{\mathbf{A}t}\mathbf{B}U(t-\tau)d\tau \qquad \cdots \text{(1-24)}$$

が得られる。この式の右辺の第一項は、初期状態が決まれば、以降の時間では入力の変化によらない項になる。これに対し第二項は、入力信号だけに依存し、初期状態の影響を受けない項である。別の言い方をすると、第二項は、初期状態がゼロの場合の入力に対する応答特性を示していることになる。

　次に、具体的な例として、図 1.14 に示した *RL* 回路を用いた 1 次システムを考える。1 次システムとは、1 階微分方程式で挙動が記述できるシステムのことで、n 次システムとは、n 階微分の微分方程式で記述されるシステムである。

この回路の状態方程式を求めるために、入力 $e_i(t)$、状態変数（出力電流）を $i(t)$ として微分方程式を立てると、

$$v(t) = Ri(t) + L\frac{di(t)}{dt} \quad \cdots\cdots\cdots\cdots\cdots\cdots\cdots\cdots\cdots\cdots\cdots\cdots\cdots\cdots\cdots (1\text{-}25)$$

この式を変形し、状態方程式の形にすることができる。

$$\frac{di(t)}{dt} = -\frac{R}{L}i(t) + \frac{1}{L}v(t) \quad \cdots\cdots\cdots\cdots\cdots\cdots\cdots\cdots\cdots\cdots\cdots\cdots (1\text{-}26)$$

一方、図 1.15 に示した RC 回路で構成された 2 次システムの場合では、入力は $e_i(t)$、出力はコンデンサ C_2 の両端に現れる電圧 $e_o(t)$ である。状態変数を、コンデンサ C_1、C_2 に蓄えられている電荷 q_1、q_2 として状態方程式を導くと、

$$\frac{d\mathbf{x}}{dt} = \mathbf{A}\mathbf{x} + \mathbf{B}e_i(t)$$
$$\mathbf{e}_o = \mathbf{C}\mathbf{x} \quad \cdots\cdots\cdots\cdots\cdots\cdots\cdots\cdots\cdots\cdots\cdots\cdots (1\text{-}27)$$

ここで、$\mathbf{X} = (q_1 \quad q_2)^T$ であり、係数行列は、

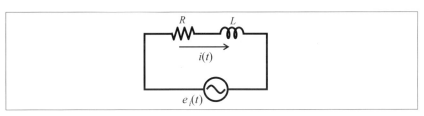

〔図 1.14〕1 次システム回路（RL 回路）

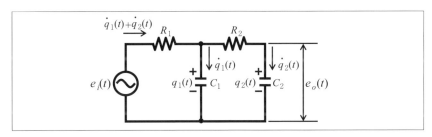

〔図 1.15〕2 次システム（RC 回路）

$$\mathbf{A} = \begin{pmatrix} -\dfrac{1}{C_1}\left(\dfrac{R_1+R_2}{R_1 R_2}\right) & \dfrac{1}{C_2 R_2} \\ \dfrac{1}{C_1 R_2} & -\dfrac{1}{C_2 R_2} \end{pmatrix}, \quad \mathbf{B} = \begin{pmatrix} \dfrac{1}{R_1} \\ 0 \end{pmatrix}, \quad \mathbf{C} = \begin{pmatrix} 0 & \dfrac{1}{C_2} \end{pmatrix} \text{(1-28)}$$

となる。

　式変形の簡略化のために $R_1=R_2=R$、$2C_1=3C_2=C$、$\tau=CR$ として、(1-27)
式の状態遷移行列 $(s\mathbf{I}-\mathbf{A})$ を求めると、

$$s\mathbf{I} - \mathbf{A} = \begin{pmatrix} s+\dfrac{1}{C_1}\left(\dfrac{R_1+R_2}{R_1 R_2}\right) & -\dfrac{1}{C_2 R_2} \\ -\dfrac{1}{C_1 R_2} & s+\dfrac{1}{C_2 R_2} \end{pmatrix} = \begin{pmatrix} s+\dfrac{4}{CR} & -\dfrac{3}{CR} \\ -\dfrac{2}{CR} & s+\dfrac{3}{CR} \end{pmatrix} = \begin{pmatrix} s+\dfrac{4}{\tau} & -\dfrac{3}{\tau} \\ -\dfrac{2}{\tau} & s+\dfrac{3}{\tau} \end{pmatrix}$$
$$\cdots \text{(1-29)}$$

となる。この逆行列は、

$$(s\mathbf{I}-\mathbf{A})^{-1} = \frac{1}{(s+4/\tau)(s+3/\tau)-6/\tau^2}\begin{pmatrix} s+3/\tau & 3/\tau \\ 2/\tau & s+4/\tau \end{pmatrix}$$

$$= \frac{1}{s^2+7/\tau+6/\tau^2}\begin{pmatrix} s+3/\tau & 3/\tau \\ 2/\tau & s+4/\tau \end{pmatrix}$$

$$= \frac{1}{(s+1/\tau)(s+6/\tau)}\begin{pmatrix} s+3/\tau & 3/\tau \\ 2/\tau & s+4/\tau \end{pmatrix}$$

$$= \begin{pmatrix} \dfrac{2}{5}\dfrac{1}{s+1/\tau}+\dfrac{3}{5}\dfrac{1}{s+6/\tau} & \dfrac{3}{5}\left(\dfrac{1}{s+1/\tau}-\dfrac{1}{s+6/\tau}\right) \\ \dfrac{2}{5}\left(\dfrac{1}{s+1/\tau}-\dfrac{1}{s+6/\tau}\right) & \dfrac{3}{5}\dfrac{1}{s+1/\tau}+\dfrac{2}{5}\dfrac{1}{s+6/\tau} \end{pmatrix} \cdots \text{(1-30)}$$

ラプラス逆変換によれば、状態遷移行列 $e^{\mathbf{A}t}$ は、

$$e^{\mathbf{A}t} = \begin{pmatrix} \dfrac{2}{5}e^{-t/\tau}+\dfrac{3}{5}e^{-6t/\tau} & \dfrac{3}{5}\left(e^{-t/\tau}-e^{-6t/\tau}\right) \\ \dfrac{2}{5}\left(e^{-t/\tau}-e^{-6t/\tau}\right) & \dfrac{3}{5}e^{-t/\tau}+\dfrac{2}{5}e^{-6t/\tau} \end{pmatrix} \cdots\cdots \text{(1-31)}$$

と求められる。初期状態がゼロの場合は、(1-24) 式の第二項を求めれ

ばよい。第二項の積分関数は、

$$e^{At}\mathbf{B} = \begin{pmatrix} \dfrac{2}{5}e^{-t/\tau} + \dfrac{3}{5}e^{-6t/\tau} & \dfrac{3}{5}\left(e^{-t/\tau} - e^{-6t/\tau}\right) \\ \dfrac{2}{5}\left(e^{-t/\tau} - e^{-6t/\tau}\right) & \dfrac{3}{5}e^{-t/\tau} + \dfrac{2}{5}e^{-6t/\tau} \end{pmatrix} \begin{pmatrix} \dfrac{1}{R} \\ 0 \end{pmatrix} = \begin{pmatrix} \dfrac{1}{R}\left(\dfrac{2}{5}e^{-t/\tau} + \dfrac{3}{5}e^{-6t/\tau}\right) \\ \dfrac{2}{5}\dfrac{1}{R}\left(e^{-t/\tau} - e^{-6t/\tau}\right) \end{pmatrix}$$

$$\cdots (1\text{-}32)$$

であり、出力 $e_O(t)$ を求めるために、出力係数行列 $\mathbf{C}$ まで考慮して計算
する。

$$\mathbf{C}e^{At}\mathbf{B} = \begin{pmatrix} 0 & \dfrac{3}{C} \end{pmatrix} \begin{pmatrix} \dfrac{1}{R}\left(\dfrac{2}{5}e^{-t/\tau} + \dfrac{3}{5}e^{-6t/\tau}\right) \\ \dfrac{2}{5}\dfrac{1}{R}\left(e^{-t/\tau} - e^{-6t/\tau}\right) \end{pmatrix} = \dfrac{6}{5}\dfrac{1}{\tau}\left(e^{-t/\tau} - e^{-6t/\tau}\right) \quad (1\text{-}33)$$

入力信号 $e_i(t)$ に、振幅 $1\,\mathrm{V}$ のステップ応答が印加された場合を考えると、
出力は (1-24) 式で示したように畳み込み積分を用いて、

$$e_0(t) = \int_0^t \dfrac{6}{5}\dfrac{1}{\tau}\left(e^{-(t-x)/\tau} - e^{-6(t-x)/\tau}\right)dx = \dfrac{6}{5\tau}\left[\tau e^{-(t-x)/\tau} - \dfrac{\tau}{6}e^{-6(t-x)/\tau}\right]_0^t$$

$$= 1 - \dfrac{6}{5}e^{-t/\tau} + \dfrac{1}{5}e^{-6t/\tau} \qquad\qquad \cdots (1\text{-}34)$$

となる。

1 － 5　演習問題

設問 1 － 1

　問図 1.1 に示した全波整流波及び、矩形波（デューティ 10 ％）の周波数成分を求めよ。

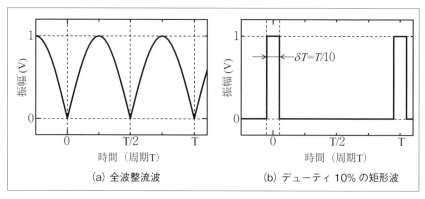

〔問図 1.1〕繰り返し波形

設問 1 － 2

　繰り返し周波数が 1GHz の矩形波の立ち上がり時間を周期の 10 ％（t_r＝50 psec）とした場合、伝送路の遮断周波数 f_{-3dB} はどれくらいを想定すべきか。

設問 1 － 3

　式（1-28）の状態方程式を導出せよ。また、R_1＝R_2＝1 Ω、C_1＝10 pF、C_2＝6.67 pF のとき、振幅 1 V のステップ応答を求めよ。

1-6　演習問題の解答

設問 1-1　(a)：解答

全波整流波の場合、偶関数であるので、余弦関数の三角フーリエ係数 a_n は、

$$a_n = \frac{4}{T} \int_0^{T/2} V_m \sin \omega t \cos(n\omega t)\, dt$$

$$= \frac{4}{T} \int_0^{T/2} V_m \frac{1}{2}\Big[\sin(1+n)\omega t + \sin(1-n)\omega t\Big] dt$$

$$= \frac{2V_m}{T}\left[\frac{\cos(1+n)\omega t}{(1+n)\omega t} \quad \frac{\cos(1-n)\omega t}{(1-n)\omega t}\right]_0^{\frac{T}{2}}$$

$$= \frac{2V_m}{T}\left\{-\frac{\cos(1+n)\omega T/2}{(1+n)\omega} - \frac{\cos(1-n)\omega T/2}{(1-n)\omega} + \frac{1}{(1+n)\omega} + \frac{1}{(1-n)\omega}\right\}$$

$$= \frac{V_m}{\pi}\left\{\frac{1-\cos(1+n)\pi}{(1+n)} + \frac{1-\cos(1-n)\pi}{(1-n)}\right\}$$

$$= \frac{V_m}{\pi}\left\{\frac{(-1)(-1)^n}{(1+n)} + \frac{1-(-1)(-1)^n}{(1-n)}\right\}$$

$$= \frac{2V_m}{\pi}\left\{\frac{1}{(1+2m)} + \frac{1}{(1-2m)}\right\} = \frac{2V_m}{\pi}\left(\frac{1-2m+1+2m}{1-4m^2}\right) = \frac{4V_m}{\pi}\frac{1}{1-4m^2}$$

$$a_0 = \frac{2}{T}\int_0^{T/2} V_m \sin \omega t\, dt = \frac{2V_m}{T}\left[-\frac{1}{\omega}\cos(\omega t)\right]_0^{T/2} = \frac{2V_m}{\omega T}\left\{-\cos\left(\omega\frac{T}{2}\right)+1\right\}$$

$$= \frac{V_m}{\pi}\left\{-\cos(\pi)+1\right\} = \frac{V_m}{n\pi}\left\{1-(-1)\right\} = \frac{2V_m}{n\pi}$$

設問 1 − 1 （b）：解答

　デューティ δ＝10 ％矩形波の場合、デューティを変数としたままで計算する。これを偶関数として扱うと、

$$a_n = \frac{2}{T} \int_{-\delta T/2}^{\delta T/2} V_m \cos(n\omega t)\, dt = \frac{2V_m}{T} \left[\frac{1}{n\omega} \sin(n\omega t) \right]_{-\delta T/2}^{+\delta T/2} = \frac{4V_m}{n\omega T} \sin\left(n\omega \frac{\delta T}{2} \right)$$

$$= \frac{2V_m}{n\pi} \sin(n\pi\delta) = 2\delta V_m \times \mathrm{sinc}(n\pi\delta)$$

$$b_n = \frac{2}{T} \int_{-\delta T/2}^{\delta T/2} V_m \sin(n\omega t)\, dt = \frac{2V_m}{T} \left[-\frac{1}{n\omega} \cos(n\omega t) \right]_{-\delta T/2}^{+\delta T/2} = 0$$

設問 1 − 2 ：解答

　1 GHz の矩形波の周期は 1 nsec であるので、立ち上がり時間は、周期の 10 ％とするなら 100 psec となる。ここで、式 (1-5) を用いれば、

$$f_{-3dB} = \frac{0.35}{t_r} = 3.5 [\mathrm{GHz}]$$

が得られる。

設問 1 − 3 （a）：解答

　コンデンサ C_1、C_2 に流れる電流はそれぞれ dq_1/dt、dq_2/dt である。抵抗 R_1 に流れる電流は、これら電流の和 $dq_1/dt + dq_2/dt$ であるので、2 つの閉回路でキルヒホッフの法則から、

$$R_1 \left\{ \frac{dq_1(t)}{dt} + \frac{dq_2(t)}{dt} \right\} + \frac{1}{C_1} q_1(t) = e_i(t)$$

$$R_2 \frac{dq_2(t)}{dt} + \frac{1}{C_2} q_2(t) - \frac{1}{C_1} q_1(t) = 0$$

が導かれ、第二式の dq_2/dt を第一式に代入して、

$$R_1\left\{\frac{dq_1(t)}{dt}-\frac{1}{R_2C_2}q_2(t)+\frac{1}{R_2C_1}q_1(t)\right\}+\frac{1}{C_1}q_1(t)=e_i(t)$$

$$\frac{dq_1(t)}{dt}=-\frac{1}{R_2C_1}q_1(t)-\frac{1}{R_1C_1}q_1(t)+\frac{1}{R_2C_2}q_2(t)+\frac{1}{R_1}e_i(t)$$

$$\frac{dq_1(t)}{dt}=-\frac{1}{C_1}\left(\frac{1}{R_2}+\frac{1}{R_1}\right)q_1(t)+\frac{1}{R_2C_2}q_2(t)+\frac{1}{R_1}e_i(t)$$

$$=-\frac{1}{C_1}\left(\frac{R_1+R_2}{R_1R_2}\right)q_1(t)+\frac{1}{R_1R_2}q_2(t)+\frac{1}{R_1}e_i(t)$$

また、第二式を整理して、

$$\frac{dq_2(t)}{dt}=\frac{1}{R_2C_1}q_1(t)-\frac{1}{R_2C_2}q_2(t)$$

が得られ、状態方程式が導きだせる。

設問 1 － 3 (b)：解答

$R_1=R_2=1$ Ω、$C_1=10$ pF、$C_2=6.67$ pF の値を状態方程式に代入して、係数行列は、

$$\mathbf{A}=\begin{pmatrix}-2\times10^{11}&3/2\times10^{11}\\1\times10^{11}&-3/2\times10^{11}\end{pmatrix},\quad \mathbf{B}=\begin{pmatrix}1\\0\end{pmatrix}$$

となる。以降、計算をしやすくするため

$$\mathbf{A}=\begin{pmatrix}-4a&3a\\2a&-3a\end{pmatrix},\quad \mathbf{B}=\begin{pmatrix}1\\0\end{pmatrix}$$

とおくと、(1-27) 式の状態遷移行列 $(s\boldsymbol{I}-\boldsymbol{A})$ は、

$$s\mathbf{I}-\mathbf{A}=\begin{pmatrix}s+4a&-3a\\-2a&s+3a\end{pmatrix}$$

となる。この逆行列は、

$$\left(s\mathbf{I}-\mathbf{A}\right)^{-1}=\frac{1}{(s+4a)(s+3a)-6a^2}\begin{pmatrix}s+3a & 3a \\ 2a & s+4a\end{pmatrix}$$

$$=\begin{pmatrix}\dfrac{2}{5}\dfrac{1}{s+a}+\dfrac{3}{5}\dfrac{1}{s+6a} & \dfrac{3}{5}\left(\dfrac{1}{s+a}-\dfrac{1}{s+6a}\right) \\ \dfrac{2}{5}\left(\dfrac{1}{s+a}-\dfrac{1}{s+6a}\right) & \dfrac{3}{5}\dfrac{1}{s+a}+\dfrac{2}{5}\dfrac{1}{s+6a}\end{pmatrix}$$

ラプラス逆変換によれば、状態遷移行列 e^{At} は、

$$e^{\mathbf{A}t}=\begin{pmatrix}\dfrac{2}{5}e^{-at}+\dfrac{3}{5}e^{-6at} & \dfrac{3}{5}\left(e^{-at}-e^{-6at}\right) \\ \dfrac{2}{5}\left(e^{-at}-e^{-6at}\right) & \dfrac{3}{5}e^{-at}+\dfrac{2}{5}e^{-6at}\end{pmatrix}$$

と求められる。初期状態がゼロの場合は、（1-24）式の第二項を求めればよい。第二項の積分関数は、

$$e^{\mathbf{A}t}\mathbf{B}=\begin{pmatrix}\dfrac{2}{5}e^{-at}+\dfrac{3}{5}e^{-6at} & \dfrac{3}{5}\left(e^{-at}-e^{-6at}\right) \\ \dfrac{2}{5}\left(e^{-at}-e^{-6at}\right) & \dfrac{3}{5}e^{-at}+\dfrac{2}{5}e^{-6at}\end{pmatrix}\begin{pmatrix}1\\0\end{pmatrix}=\begin{pmatrix}\left(\dfrac{2}{5}e^{-at}+\dfrac{3}{5}e^{-6at}\right) \\ \dfrac{2}{5}\left(e^{-at}-e^{-6at}\right)\end{pmatrix}$$

であり、出力 $e_O(t)$ を求めるために、出力係数行列 $\mathbf{C}$ まで考慮して計算する。

$$\mathbf{C}e^{\mathbf{A}t}\mathbf{B}=\begin{pmatrix}0 & 3a\end{pmatrix}\begin{pmatrix}\left(\dfrac{2}{5}e^{-at}+\dfrac{3}{5}e^{-6at}\right) \\ \dfrac{2}{5}\left(e^{-at}-e^{-6at}\right)\end{pmatrix}=\frac{6a}{5}\left(e^{-at}-e^{-6at}\right)$$

入力信号 $e_i(t)$ に、振幅 1 V のステップ応答が印加された場合を考えると、出力は、

$$e_0(t) = \frac{6a}{5}\int_0^t \left(e^{-a(t-x)} - e^{-6a(t-x)}\right)dx = \frac{6a}{5}\frac{1}{a}\left[e^{-a(t-x)} - \frac{1}{6}e^{-6a(t-x)}\right]_0^t$$

$$= \frac{6}{5}\left[e^{-a(t-x)} - \frac{1}{6}e^{-6a(t-x)}\right]_0^t$$

$$= 1 - \frac{6}{5}e^{-at} + \frac{1}{5}e^{-6at} = 1 - \frac{6}{5}e^{-5\times10^{10}\,t} + \frac{1}{5}e^{-3\times10^{11}\,t}$$

が得られる。

1 章の参考文献

[1] 金原粲 監修、「電気数学」、実教出版、2013 年。

[2] 金原粲 監修、「電気回路　改訂版」、実教出版、2016 年。

[3] 示村悦二郎 著、「線形システム解析」入門、コロナ社、2017 年。

[4] 高橋進一、浜田望 共著、「線形システム解析の基礎」、実教出版、
2001 年。

[5] C. L. Phillips and J. M. Parr, "Signals, Systems and Transforms Fifth-
edition", Englewood Cliffs, NJ: Prentice-Hall, 2014.

[6] 古賀正文、太田聡、高田篤 著、「基礎 情報伝送工学」、共立出版、
2016 年。

[7] 須藤俊夫 監訳、「高速デジタル信号の伝送技術 シグナルインテグリ
ティ入門」、丸善、2010 年。

2章

高速回路設計の基礎
・演習問題

2-1 分布定数回路とは

　信号周波数が低い場合、プリント基板や半導体チップ上に形成された配線などで接続された回路を解析する際に用いられる回路図には、配線そのものは含まれない。この回路は、集中定数回路ともいわれ、低速な電気回路の設計・解析に非常に有用であるが、集中定数回路として扱うには、(1) 全ての素子と配線のサイズは無限小と仮定、(2) グラウンドに接続される配線は抵抗ゼロの理想接地で、電源は出力抵抗ゼロの理想電源と仮定、(3) 電界はコンデンサのみに、磁界はインダクタのみで発生、(4) 全ての損失は抵抗で消費される、という前提条件を満足している必要がある。これらの条件は低周波信号を扱う場合には、問題にならない場合が多い。尚、接地と電源の抵抗が大きい場合であっても、低周波であれば、各々に対応した抵抗素子を仮定して回路に挿入することで、十分精度の高い回路解析が可能である。

　一方、信号の伝搬速度は有限（真空中では光速）であるので、信号の周波数が高い場合には、信号が抵抗やインダクタ、コンデンサなどの素子の端まで伝わる遅延時間を考慮する必要がある。電気信号は、配線を伝搬する際に電磁界の変化で伝搬するので、信号の伝搬方向の電磁界の変化を表せるように、接地（GND）に対するキャパシタと配線自身が持っているインダクタを介して伝わるように空間的な広がりを持った等価回路で表わすべきである。このように、素子の空間的広がりを意識しなければならない回路を分布定数回路という。また、線路だけに着目した回路を分布定数線路という。

　厳密には、すべての回路は Maxwell 方程式を解いて電磁界的に考える必要があるが、複雑すぎて扱えないので、回路を構成する配線や回路素子の端に信号が伝わるまでの時間により分布定数回路で解析したり、遅延時間が無視して良いほど、信号の周波数成分が低い場合、または、信号の速度に比較して無視できるサイズであれば集中定数回路として扱ったりする。このイメージを図 2.1 に示した。

　集中定数回路では、配線で結ばれた節点はすべて同じ電圧、電流となるが、分布定数回路では、単純な配線で結ばれた場合でも、配線そのも

のがインダクタや容量のように見え、場所により異なる電圧、電流の値をとることがある。また、分布定数線路は、短絡したつもりが開放になったり、短絡したつもりが開放になったり、印加した信号以上の電圧が出てしまったり、信号が出なかったり、波形が劣化（リンギングなどが発生）してしまう問題が発生する。このような性質を逆に利用して、高周波を扱う半導体回路は、配線までも回路の一部として設計を行うこともある。

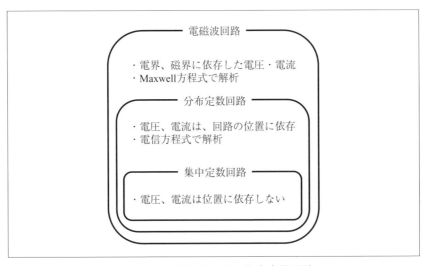

〔図 2.1〕分布定数回路と集中定数回路

２－２　集中定数回路と分布定数回路の境界

　どこまでが集中定数回路とみなせて、どこから分布定数回路として扱う必要があるかは、その線路を伝わる信号の変化の速さで決定される。信号の変化は、正弦波交流信号の場合は波長で、パルス信号の場合は、立ち上がり／立下り時間で定義される。

　まず、交流信号の波長と位相速度の関係から説明する。図2.2に示したように、波長 λ とは、波が1周期 T の間に進む距離であり、波の山が進む速度（位相速度）を u_0、信号の周波数を f とすれば、$\lambda = u_0 / f$ で表すことができる。

　尚、x 軸を右向きに進行する波の波長 λ、周期 T、振幅 A の波は、

$$f(x,t) = A\cos\left(\frac{2\pi}{\lambda}x - \frac{2\pi}{T}t\right) = A\cos(\beta x - \omega t) \quad\cdots\cdots\cdots\cdots\quad (2\text{-}1)$$

と表される。ここで、$\beta = 2\pi/\lambda$：波数、$\omega = 2\pi/T$：角周波数、$\beta x - \omega t$：位相であり余弦（cos）関数のピークは、$\beta x - \omega t = 0$ となる時間で繰り返されることから、信号の速度は、

$$u_0 = \frac{\lambda}{T} = \frac{x}{t} = \frac{\omega}{\beta} \quad\cdots\cdots\cdots\cdots\cdots\cdots\cdots\cdots\cdots\cdots\cdots\cdots\quad (2\text{-}2)$$

と求められる。また、伝搬速度は、光速度を c_0、伝送線路を取り囲む媒体の比誘電率を ε_r とすれば、

$$u_0 = \frac{c_0}{\sqrt{\varepsilon_r}} \quad\cdots\cdots\cdots\cdots\cdots\cdots\cdots\cdots\cdots\cdots\cdots\cdots\cdots\cdots\quad (2\text{-}3)$$

である。これらの関係を踏まえ、集中定数と分布定数の境界を考える。図2.3は、線路長 ℓ に対して、信号波長 λ が非常に長い（低周波数）場

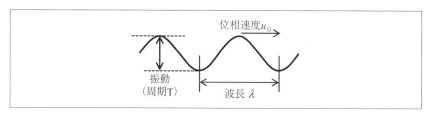

〔図2.2〕信号波長と位相速度の関係

合である。この時、伝送線路内の電位は線路の全ての点でほぼ同一であり、線路を空間的に考える必要のないことがわかる。

　一方、伝送線路の線路長 ℓ に対して信号波長 λ が短い場合（図2-4）、信号源（駆動側、または近端という）における変化は、受信側（遠端ともいう）に瞬時には伝わらないので、波形が異なっている。

　従って、集中定数回路と分布定数線路の境界は、信号波長と伝送線路の配線長が等しいとき

$$\ell = \lambda \left(= \frac{u_0}{f} = \frac{c_0}{f\sqrt{\varepsilon_r}} \right) \quad \cdots\cdots\cdots\cdots\cdots\cdots\cdots\cdots\cdots\cdots \quad (2\text{-}4)$$

と定義することができる。

　次に、パルス波が伝送線路を伝搬する場合について考える。立ち上がり時間が遅いパルス波を伝送する場合には、線路の全ての場所の波形がほぼ同一となるので、集中定数線路で扱うことができる。立ち上がり時間が速いパルス波伝送の場合には、駆動側での変化が、線路を伝わって

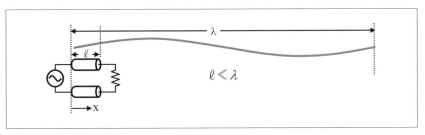

〔図2.3〕伝送線路の長さが入力信号波長より十分短い場合（$\ell \ll \lambda$）

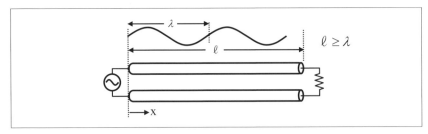

〔図2.4〕伝送線路の長さが入力信号波長と同程度か長い場合（$\ell \geqq \lambda$）

受信側には伝っていなかったり、後述する反射信号が駆動側に戻ってこなかったりするので、送信端及び受信端の波形が異なってしまう。この現象より、分布定数線路としての取扱いが必要な場合は、配線を往復する遅延時間 $2\Delta T$ が立ち上がり時間 t_r より大きいときとわかる。従って、配線を伝搬する信号の速度を u_0 とすれば、

$$2 \times \Delta T = \frac{2L}{u_0} > t_r, \qquad L > t_r \times \frac{u_0}{2} \quad \cdots\cdots\cdots\cdots\cdots\cdots \quad (2\text{-}5)$$

から、集中定数回路と分布定数回路の境界条件が求められる。尚、信号の速度 u_0 は、伝送媒体の比誘電率 ε_r、光速度 c_0 から $u_0 = c/\sqrt{\varepsilon_r}$ で求められる。

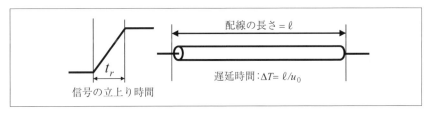

〔図2.5〕パルス信号が入力された伝送線路

2－3　電信方程式

　本節では、分布定数回路における電流や電圧の分布や信号の伝播を記述する、2階線形偏微分方程式である電信方程式（telegraphic equation）の導出と考え方について述べる。

　まず、伝送線路上の電圧・電流は、x方向のみに伝搬するという仮定で、有限の長さ ℓ の線路を図2.6のように信号変化が微小とみなせるように幅 Δx の微小な区間で分割（$\Delta x \ll \lambda$）する。2-2節で述べた仮定では、この区間内では、回路を集中定数で近似することが可能となる [1]。

　図2.7は、分割した微小区間における電界と磁界が及ぼす影響を受動素子で表した図である。線路に交流が流れると、発生する磁界により電流の流れが制限される。この現象は、直列に接続されたインダクタンス

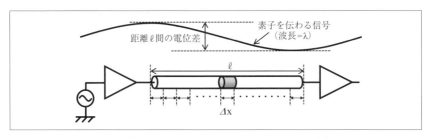

〔図2.6〕伝送線路を微小区間 x に分割した様子

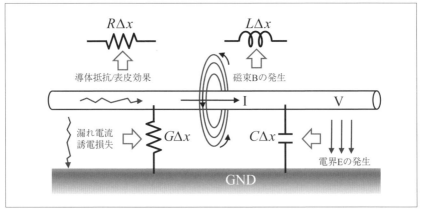

〔図2.7〕微小区間の電界及び磁界の影響を受動素子で近似した様子

で近似でき、この微小区間のインダクタンスは、単位長さ当たりのインダクタンスを L とすれば、$L\Delta x$ と表せる。また、この例では、伝送線路の直下に接地（GND）面があり、線路導体の電位 V から GND 間に電界 E（GND に向かう電気力線）が発生する。この現象は、伝送線路に並列に接続されたキャパシタンスで近似でき、インダクタンスと同様に単位長さあたりのキャパシタンスを C とすれば、微小区間でのキャパシタンスは $C\Delta x$ となる。伝送線路の損失成分としては、導体の抵抗の他にも、後述する表皮効果を含む抵抗損、誘電損やコンダクタンス成分による漏れ電流による損失が考えられる。各々、直列に接続された微小区間の抵抗 $R\Delta x$、並列接続された微小区間のコンダクタンス $G\Delta x$ として表す。

　図 2.8 の回路で、信号の伝搬方向を x（左から右方向）として、位置 x、時間 t での線路電圧を $v(x, t)$、電流を $i(x, t)$、位置 $x+\Delta x$、時間 t の線路電圧を $v(x+\Delta x, t)$、電流を $i(x+\Delta x, t)$ とする。ここで、キルヒホッフの電圧及び電流保存側を適用して、接点 a 及び b での電流電圧の関係をまとめると、接点 a-b 間の電位差 Δv から

$$\Delta v = v(x+\Delta x) - v(x) = -R\Delta x i(x) - L\Delta x \frac{\partial i(x)}{\partial t} \qquad \text{(2-6)}$$

一方、接点 a-b 間の電流差 Δi から

$$\Delta i = i(x+\Delta x) - i(x) = -G\Delta x v(x) - C\Delta x \frac{\partial v(x)}{\partial t} \qquad \text{(2-7)}$$

が得られる。

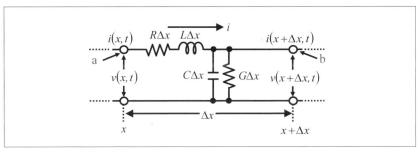

〔図 2.8〕微小区間 Δx の等価回路

(2-6) 式及び、(2-7) 式の両辺を各々 Δx で除算して、Δx の極限を考えると、

$$\begin{cases} \dfrac{\partial v}{\partial x} = -Ri(x) - L\dfrac{\partial i(x)}{\partial t} \\[2mm] \dfrac{\partial i}{\partial x} = -Gv(x) - C\dfrac{\partial v(x)}{\partial t} \end{cases} \cdots\cdots\cdots\cdots\cdots\cdots\cdots\cdots\cdots\cdots \quad (2\text{-}8)$$

が得られる。これが、「電信方程式」と呼ばれる分布定数線路の電圧、電流を表す基本式である。尚、この式は、物理的な状態を表現した方程式ではなく、等価回路で電圧と電流の関係を示したものであることに留意しておくべきである。物理的には、Maxwell 方程式に従う電磁波が線路に沿って伝わり、その電磁エネルギーの一部が線路内部に入り込むことによって伝送線路に電流が流れるわけであるので、電信方程式で表現されているように、電圧によって電流が流れ、電圧と電流によってエネルギーが伝送されるわけではない。

　次に、(2-8) 式を電圧だけに関する微分方程式に変形する。まず、(2-8) 式の第1式を x で偏微分し、第2式を t で偏微分すると、

$$\begin{cases} \dfrac{\partial^2 v}{\partial x^2} = -R\dfrac{\partial i(x)}{\partial x} - L\dfrac{\partial}{\partial x}\dfrac{\partial i(x)}{\partial t} \\[2mm] \dfrac{\partial}{\partial t}\dfrac{\partial i}{\partial x} = -G\dfrac{\partial v(x)}{\partial t} - C\dfrac{\partial^2 v(x)}{\partial t^2} \end{cases} \cdots\cdots\cdots\cdots\cdots\cdots\cdots\cdots\cdots \quad (2\text{-}9)$$

が得られる。ここで、

$$\frac{\partial}{\partial t}\frac{\partial i(x)}{\partial x} = \frac{\partial}{\partial x}\frac{\partial i(x)}{\partial t}$$

を仮定し、(2-8) 式を変形すると、

$$\begin{aligned} \frac{\partial^2 v}{\partial x^2} &= -R\left(-Gv(x) - C\frac{\partial v(x)}{\partial t}\right) - L\left(-G\frac{\partial v(x)}{\partial t} - C\frac{\partial^2 v(x)}{\partial t^2}\right) \\[2mm] &= LC\frac{\partial^2 v(x)}{\partial t^2} + (LG + RC)\frac{\partial v(x)}{\partial t} + RGv(x) \quad (2\text{-}10) \end{aligned}$$

が得られる。同様に、(2-8) 式の第1式を t で偏微分、第2式を x で偏微分し、

$$\frac{\partial}{\partial t}\frac{\partial v(x)}{\partial x}=\frac{\partial}{\partial x}\frac{\partial v(x)}{\partial t}$$

を仮定すると、

$$\begin{cases}\dfrac{\partial}{\partial t}\dfrac{\partial v}{\partial x}=-R\dfrac{\partial i(x)}{\partial t}-L\dfrac{\partial^2 i(x)}{\partial t^2}\\[2mm]\dfrac{\partial^2 i}{\partial x^2}=-G\dfrac{\partial v(x)}{\partial x}-C\dfrac{\partial}{\partial x}\dfrac{\partial v(x)}{\partial t}\end{cases}\quad\cdots\cdots\cdots\cdots\cdots\cdots\cdots (2\text{-}11)$$

となる。(2-11) 式を用いて (2-8) 式を変形すると、

$$\begin{aligned}\frac{\partial^2 i}{\partial x^2}&=-G\left(-Ri(x)-L\frac{\partial i(x)}{\partial t}\right)-C\left(-R\frac{\partial i(x)}{\partial t}-L\frac{\partial^2 i(x)}{\partial t^2}\right)\\[2mm]&=LC\frac{\partial^2 i(x)}{\partial t^2}+\left(LG+RC\right)\frac{\partial i(x)}{\partial t}+RGi(x)\qquad(2\text{-}12)\end{aligned}$$

となる。(2-10) 式及び (2-12) 式は、双曲型と呼ばれる 2 階 2 変数偏微分方程式で、一般には解けないが、正弦波の定常状態と、無損失 ($R=G=0$) の場合は、解を求めることができる。無損失伝送線路の偏微分方程式は、(2-10) 式及び (2-12) 式に $R=G=0$ の条件を代入すると

$$\begin{cases}\dfrac{\partial^2 v}{\partial x^2}=LC\dfrac{\partial^2 v(x)}{\partial t^2}\\[2mm]\dfrac{\partial^2 i}{\partial x^2}=LC\dfrac{\partial^2 i(x)}{\partial t^2}\end{cases}\quad\cdots\cdots\cdots\cdots\cdots\cdots\cdots (2\text{-}13)$$

となる。

　尚、$R/L=G/C$ の場合は、無ひずみ分布定数線路といい、このとき、電圧と電流の波形は減衰するが、歪みが発生しない。

2−4　無損失伝送線路の電信方程式の一般解

　まず、$v(x,t)$ が $A=x-ut$ と、$B=x+ut$ の合成関数であると仮定し、$v(x,t)$ を x について偏微分する。連鎖律の公式より、

$$\frac{\partial v}{\partial x}=\frac{\partial v}{\partial A}\frac{\partial A}{\partial x}+\frac{\partial v}{\partial B}\frac{\partial B}{\partial x}=\frac{\partial v}{\partial A}\times 1+\frac{\partial v}{\partial B}\times 1=\frac{\partial v}{\partial A}+\frac{\partial v}{\partial B} \quad \cdots\cdots\cdots (2\text{-}14)$$

さらに、x について偏微分すると、

$$\frac{\partial^2 v}{\partial x^2}=\frac{\partial}{\partial A}\left(\frac{\partial v}{\partial A}+\frac{\partial v}{\partial B}\right)\frac{\partial A}{\partial x}+\frac{\partial}{\partial B}\left(\frac{\partial v}{\partial A}+\frac{\partial v}{\partial B}\right)\frac{\partial B}{\partial x}=\frac{\partial}{\partial A}\left(\frac{\partial v}{\partial A}+\frac{\partial v}{\partial B}\right)\times 1+\frac{\partial}{\partial B}\left(\frac{\partial v}{\partial A}+\frac{\partial v}{\partial B}\right)\times 1$$

$$=\frac{\partial^2 v}{\partial A^2}+2\frac{\partial^2 v}{\partial A\partial B}+\frac{\partial^2 v}{\partial B^2} \quad\quad\quad \cdots (2\text{-}15)$$

となる。同様に、$v(x,t)$ を、t について偏微分する。

$$\frac{\partial v}{\partial t}=\frac{\partial v}{\partial A}\frac{\partial A}{\partial t}+\frac{\partial v}{\partial B}\frac{\partial B}{\partial t}=\frac{\partial v}{\partial A}\times(-u)+\frac{\partial v}{\partial B}\times u=-u\frac{\partial v}{\partial A}+u\frac{\partial v}{\partial B} \quad (2\text{-}16)$$

さらに、t について偏微分すると

$$\frac{\partial^2 v}{\partial t^2}=\frac{\partial}{\partial A}\left(-u\frac{\partial v}{\partial A}+u\frac{\partial v}{\partial B}\right)\frac{\partial A}{\partial t}+\frac{\partial}{\partial B}\left(-u\frac{\partial v}{\partial A}+u\frac{\partial v}{\partial B}\right)\frac{\partial B}{\partial t}$$

$$=\frac{\partial}{\partial A}\left(-u\frac{\partial v}{\partial A}+u\frac{\partial v}{\partial B}\right)\times(-u)+\frac{\partial}{\partial B}\left(-u\frac{\partial v}{\partial A}+u\frac{\partial v}{\partial B}\right)\times u$$

$$=u^2\frac{\partial^2 v}{\partial A^2}-2u^2\frac{\partial^2 v}{\partial A\partial B}+u^2\frac{\partial^2 v}{\partial B^2} \quad\quad\quad \cdots\cdots\cdots (2\text{-}17)$$

となる。得られた結果を、無損失の電信方程式 (2-13) に代入すると、

$$\frac{\partial^2 v}{\partial x^2}=\frac{\partial^2 v}{\partial A^2}+2\frac{\partial^2 v}{\partial A\partial B}+\frac{\partial^2 v}{\partial B^2}=LCu^2\left(\frac{\partial^2 v}{\partial A^2}-2\frac{\partial^2 v}{\partial A\partial B}+\frac{\partial^2 v}{\partial B^2}\right)$$

$$\cdots (2\text{-}18)$$

この式が恒常的に成立するためには、

$$LCu^2=1, \quad \frac{\partial^2 v}{\partial A\partial B}=0 \quad \cdots\cdots\cdots\cdots\cdots\cdots\cdots\cdots\cdots\cdots\cdots\cdots (2\text{-}19)$$

の条件が必要であり、この結果から、まず、

$$\frac{\partial^2 v}{\partial A\partial B}=0$$

を B に関して積分した関数を、

$$\frac{\partial v}{\partial A} = f(A)$$

とおき、さらに A に関して積分した（2階微分可能な）関数を、

$$v(A,B) = \int f(A)dA + G(B) = F(A) + G(B) \quad \cdots\cdots\cdots\cdots\cdots (2\text{-}20)$$

として、$A=x-ut$ 及び、$B=x+ut$ を代入すると、

$$v(x,t) = F(x-ut) + G(x+ut) \quad \cdots\cdots\cdots\cdots\cdots\cdots\cdots\cdots (2\text{-}21)$$

が得られる。これは、ダランベールの解（d'Alembert's solution）と呼ばれる。

（2-21）式の $F(x-ut)$ は x 方向に進む前進波（forward travelling wave）を表し、$G(x+ut)$ は後進波（backward travelling wave）を表している。波動の速度を表している u[m/s] と時間の積 ut は、波の進んだ距離を表しており、その符号は、前進と後進を意味する。また、その速度（伝播速度）は、$LCu^2=1$ から

$$u = \frac{1}{\sqrt{LC}} \quad \cdots\cdots\cdots\cdots\cdots\cdots\cdots\cdots\cdots\cdots\cdots\cdots\cdots (2\text{-}22)$$

と、求められる。図 2.9 に、求めた波形の時間経過の様子を示した。同

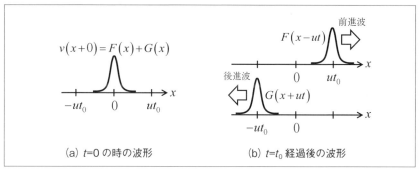

(a) $t=0$ の時の波形　　(b) $t=t_0$ 経過後の波形

〔図 2.9〕分布定数線路上の前進波と後進波

図 (a) は、時間 $t=0$ の時の x 軸上の位置を示している。次に、t_0 だけ時間が経過した時の前進波と後進波は同図 (b) に示した。x 軸上を各々逆方向に $u \times t_0$ だけ波が進行している様子がわかる。

電流に関しては、(2-8) 式の第２式で $G=0$ として、上記で求めた $v(x,t)$ の式を代入して、

$$\frac{\partial i(x,t)}{\partial x} = -C\frac{\partial v(x,t)}{\partial t} = -C\frac{\partial}{\partial t}\left\{F(x-ut)+G(x+ut)\right\}$$

$$= uC\left\{\frac{\partial F(x-ut)}{\partial A} \quad \frac{\partial G(x+ut)}{\partial B}\right\}$$

ここに、$LCu^2=1$ を代入して

$$\frac{\partial i(x,t)}{\partial x} = \sqrt{\frac{C}{L}}\left\{\frac{\partial F(x-ut)}{\partial A} - \frac{\partial G(x+ut)}{\partial B}\right\} \quad \cdots\cdots\cdots\cdots (2\text{-}23)$$

が得られる。

次に、

$$\frac{\partial F(x-ut)}{\partial t} = \frac{\partial F(A)}{\partial A}\frac{\partial A}{\partial t} = -u\frac{\partial F(A)}{\partial A} = -u\frac{\partial F(x-ut)}{\partial A}$$

の関係を用いて、

$$\frac{\partial i(x,t)}{\partial x} = \sqrt{\frac{C}{L}}\left\{\frac{\partial F(x-ut)}{\partial A} - \frac{\partial G(x+ut)}{\partial B}\right\} \quad \cdots\cdots\cdots\cdots (2\text{-}24)$$

これを、x に関して積分（積分定数を K とおく）すると、

$$i(x,t) = \sqrt{\frac{C}{L}}\left\{F_i(x-ut)-G_i(x+ut)\right\}+K \quad \cdots\cdots\cdots\cdots\cdots (2\text{-}25)$$

電流に関する偏微分方程式は、電圧のそれと同じ形であり、解も同じ形となるので、$F_i=F$、$G_i=G$、$K=0$ となる。従って、

$$i(x,t) = \sqrt{\frac{C}{L}}\left\{F(x-ut)-G(x+ut)\right\} \quad \cdots\cdots\cdots\cdots\cdots (2\text{-}26)$$

また、電流と電圧の関係から、無損失線路の特性インピーダンスは、

$$Z = \frac{v(x,t)}{i(x,t)} = \sqrt{\frac{L}{C}} \quad \cdots\cdots\cdots\cdots\cdots\cdots\cdots\cdots\cdots\cdots\cdots\cdots (2\text{-}27)$$

と求められる。

2−5 正弦波が入射した場合の電信方程式の定常解

　次に、線路損失がある場合に正弦波交流を入射したときの定常解を求める。複素表示の正弦波電圧 $v(x,t)=V(x)e^{j\omega t}$、電流 $i(x,t)=I(x)e^{j\omega t}$ を偏微分方程式 (2-8) 式に代入して、

$$\begin{cases} \dfrac{\partial v(x)}{\partial x}=\dfrac{dV}{dx}e^{j\omega t}=-Ri(x)-L\dfrac{\partial i(x)}{\partial t}=-RIe^{j\omega t}-j\omega LIe^{j\omega t} \\[2mm] \dfrac{\partial i(x)}{\partial x}=\dfrac{dI}{dx}e^{j\omega t}=-Gv(x)-C\dfrac{\partial v(x)}{\partial t}=-GVe^{j\omega t}-j\omega CVe^{j\omega t} \end{cases} \quad (2\text{-}28)$$

から、両辺を $e^{j\omega t}$ で除算して、$Z=R+j\omega L$、$Y=G+j\omega C$ とおくと

$$\begin{cases} \dfrac{dV}{dx}=-\left(R+j\omega L\right)I=-ZI \\[2mm] \dfrac{dI}{dx}=-\left(G+j\omega C\right)V=-YV \end{cases} \quad\cdots\cdots\cdots\cdots\cdots\cdots\cdots (2\text{-}29)$$

　この式の両辺を x で微分すれば、

$$\begin{cases} \dfrac{d^2V}{dx^2}=-Z\dfrac{dI}{dx}=ZYV \\[2mm] \dfrac{d^2I}{dx^2}=-Y\dfrac{dV}{dx}=YZI \end{cases} \quad\cdots\cdots\cdots\cdots\cdots\cdots\cdots (2\text{-}30)$$

となり、正弦波交流信号が入射された場合の定常状態における偏微分方程式が導出できた。ここで、$\gamma^2=ZY$ とし、微分方程式の解の候補 $V(x)=e^{\alpha x}$ を式に代入すると、

$$\dfrac{d^2V}{dx^2}=\alpha^2 e^{\alpha x}=\gamma^2 e^{\alpha x} \quad\cdots\cdots\cdots\cdots\cdots\cdots\cdots (2\text{-}31)$$

となる。この式が成立するための条件は $\alpha^2=\gamma^2$ であることがわかる。従って、$\alpha=\pm\gamma$ であるから、任意の係数 V_1、V_2 とすると、（時間に関する項を含まない）定常状態の正弦波交流電圧の一般解は、

$$V(x)=V_1 e^{-\gamma x}+V_2 e^{+\gamma x} \quad\cdots\cdots\cdots\cdots\cdots\cdots\cdots (2\text{-}32)$$

と求められる。また、時間項も含む一般解は、

$$v(x,t) = V(x)e^{j\omega t} = \left\{ V_1 e^{-\gamma x} + V_2 e^{+\gamma x} \right\} e^{j\omega t} \quad \cdots\cdots\cdots\cdots \text{(2-33)}$$

となる。(2-32) 式の $V(x)$ の第 1 項は、距離 x（送信端を原点 $x=0$）に伴い減衰するので、送信側から送られる入射波と考えることができる。従って、以降では、V_1 を（入射波：incident wave）を表す V_i と置き換える。一方、第 2 項は、（反対方向に進む）反射波と考えることができるので、以降は V_2 を（反射波：reflected wave）を表す V_r に置き換えることにする。

　(2-32) 式の指数部の係数 γ は伝搬定数といい、一般的に複素数である。ここで、入射波と反射波の伝搬の様子を記述するために、下記のように伝搬定数 γ を、実部 α（減衰定数：attenuation constant）と、虚部 β（位相定数：phase constant）に分ける。

$$\gamma = \sqrt{(R + j\omega L)(G + j\omega C)} = \alpha + j\beta \quad \cdots\cdots\cdots\cdots\cdots \text{(2-34)}$$

　実数部 α は、位置 x に対する電圧（電流）の増加（減少）の程度を表している。（波の進行に伴い、エネルギーが増加することはないので、実際には、負の値のみになり、減衰の程度を表わす）虚数部（$\beta = 2\pi/\lambda$）は、波の繰り返しの程度を表している（繰り返し周期が短い、すなわち周波数が高い場合には、大きな値となる）。従って、入射波と反射波は、オイラーの公式を用いて

$$V_i e^{-\gamma x} = V_i e^{-(\alpha + j\beta)x} = V_i e^{-\alpha x} \left\{ \cos(\beta x) - j\sin(\beta x) \right\}$$
$$V_r e^{+\gamma x} = V_i e^{+(\alpha + j\beta)x} = V_r e^{\alpha x} \left\{ \cos(\beta x) + j\sin(\beta x) \right\} \quad \cdots\cdots \text{(2-35)}$$

と変形できる。図 2.10 には、(2-35) 式を基に入射波と反射波の進行方

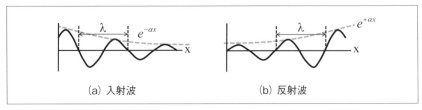

〔図 2.10〕正弦波交流信号が入射された場合の定常解

向 x に対する大きさを示した。

　次に、正弦波交流信号が入射した場合の、電流の定常解を求めておく。電圧の定常解を x で微分して、(2-29) 式と比較すると、

$$\frac{dV}{dx} = -V_i\gamma\,e^{-\gamma x} + V_r\,\gamma e^{+\gamma x} = -ZI \qquad\cdots\cdots\cdots\cdots\cdots\cdots\cdots (2\text{-}36)$$

となる関係があるので、両辺を $-Z$ で割ると、

$$I = \frac{\gamma}{Z}V_i e^{-\gamma x} - \frac{\gamma}{Z}V_r e^{+\gamma x} = \frac{1}{Z_0}\left(V_i e^{-\gamma x} - V_r e^{+\gamma x}\right) \qquad\cdots\cdots\cdots\cdots (2\text{-}37)$$

が得られる。この式より、電圧に対して電流の反射波は、位相が π 異なる（符号はマイナスとなるので反転信号となる）ことがわかる。ここで、Z_0 は特性インピーダンスと呼ばれ、線路上で電圧と電流を関係づける定数である。特性インピーダンスは、抵抗のようにエネルギーを消費しない。実際、50 Ω の同軸ケーブルを DC 測定すると抵抗は、ほぼゼロとなる。

　(2-29) 式を導出したときの Z と Y の値を代入すると、特性インピーダンスは、

$$Z_0 = \frac{Z}{\gamma} = \sqrt{\frac{Z}{Y}} = \sqrt{\frac{R + j\omega L}{G + j\omega C}} \qquad\cdots\cdots\cdots\cdots\cdots\cdots\cdots\cdots (2\text{-}38)$$

となる。以上、分布定数線路の電圧、電流の式を時間依存項まで含めてまとめると、

$$\begin{cases} v(x,t) = V_i e^{-ax+j(\omega t-\beta x)} + V_r e^{ax+j(\omega t+\beta x)} \\ i(x,t) = \dfrac{1}{Z_0}\left\{V_i e^{-ax+j(\omega t-\beta x)} - V_r e^{ax+j(\omega t+\beta x)}\right\} \end{cases} \qquad\cdots\cdots\cdots (2\text{-}39)$$

となる。表2.1 は、右辺第一項と第二項の物理的意味などをまとめたものである。

〔表2.1〕正弦波交流信号が入射された場合の定常解の物理的意味

	右辺第一項	右辺第二項
物理的な意味	入射波（進行波）	反射波（後進波）
振幅（x 方向に対して）	指数関数的に減衰	指数関数的に増大
位相	$\omega t - \beta x$	$\omega t + \beta x$
位相速度	$dx/dt = \omega/\beta > 0$	$dx/dt = -\omega/\beta < 0$

　以降、正弦波交流信号が無損失伝送線路に入射された場合についても述べておく。無損失伝送線路では、$R＝G＝0$ であり、等価回路は、図2.11に表される。

　尚、$R≪jωL$、$G≪jωC$ とみなせるほど高周波領域であれば、実抵抗成分がゼロでなくても、同様に無損失線路として扱っても良いので、図2.11の等価回路は、高周波回路設計で良く用いられている。このとき、特性インピーダンスは、下記のように素子サイズや周波数には依存しない実数となる。

$$Z_0 = \sqrt{\frac{Z}{Y}} = \sqrt{\frac{L}{C}} \quad\cdots\cdots\cdots\cdots\cdots\cdots\cdots\cdots\cdots\cdots\cdots\cdots (2\text{-}40)$$

また、伝搬定数 $γ$ は、虚数となる。

$$γ = \sqrt{YZ} = \sqrt{j^2 ω^2 LC} = jω\sqrt{LC} = j2πf\sqrt{LC} \quad\cdots\cdots\cdots (2\text{-}41)$$

　無損失線路の伝搬定数における位相定数 $β$ は、(減衰定数 $α$ がゼロであるので) 定義式の $γ＝jβ$ から、

$$β = 2πf\sqrt{LC} \quad\cdots\cdots\cdots\cdots\cdots\cdots\cdots\cdots\cdots\cdots\cdots\cdots (2\text{-}42)$$

と求められる。従って、距離が波長 $λ$ のとき、位相が $2π$ であり、位相角を $θ$ とすると、$βx＝θ$ で表すことができるから、

$$βλ = 2π, \quad β = \frac{2π}{λ} \quad\cdots\cdots\cdots\cdots\cdots\cdots\cdots\cdots\cdots\cdots (2\text{-}43)$$

従って、位相速度を u_0 とすると、

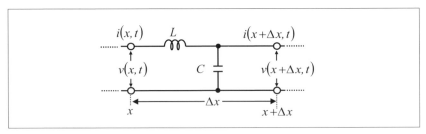

〔図2.11〕無損失伝送線路の微小区間 ($Δx$) の等価回路

$$u_0 = f\lambda = \frac{1}{\sqrt{LC}} \quad \cdots\cdots\cdots\cdots\cdots\cdots\cdots\cdots\cdots\cdots\cdots\cdots\cdots\cdots \text{(2-44)}$$

が得られる。(2-44) 式から、無損失分布定数線路の単位長さあたりの
インダクタンスとキャパシタンスがわかれば、位相速度が計算できる。

2-6　特性インピーダンス

　前節で述べた伝送線路の特性インピーダンスは、線路の単位長さあたりのインダクタンス及びキャパシタンス成分から導出できる。尚、特性インピーダンスを解析的に求めることができるのは円柱導体ペア線路や同軸導体だけで、半導体チップやプリント基板で一般的に用いられているマイクロストリップ線路や、ストリップ線路、コプレーナ線路は、近似式が提案されている。本節では、各伝送線路における特性インピーダンスを算出するための式を示す。

（a）並行円柱導線の場合の特性インピーダンス

　図 2.12 に示した、2 本の平行同線の断面が同じ半径 r(m) の円で、それら導体の中心間距離が d(m) で、$d \gg r$ である伝送線路の場合、単位長さあたりのインダクタンスと容量は、

$$
\begin{cases}
L = \dfrac{\mu}{\pi}\ln\left(\dfrac{d}{r}\right) & [\text{H/m}] \\[2mm]
C = \dfrac{\pi\varepsilon}{\ln(d/r)} & [\text{F/m}]
\end{cases}
\quad\cdots\cdots\cdots\cdots\cdots\cdots\cdots\cdots\cdots (2\text{-}45)
$$

で求められ、無損失線路の特性インピーダンス Z_0 は、

$$
Z_0 = \sqrt{\frac{L}{C}} = \frac{1}{\pi}\sqrt{\frac{\mu}{\varepsilon}}\ln\left(\frac{d}{r}\right) = 120\sqrt{\frac{\mu_r}{\varepsilon_r}}\ln\left(\frac{d}{r}\right)\quad[\Omega]\quad\cdots (2\text{-}46)
$$

で、近似計算できる [2][3]。

（b）同軸線の特性インピーダンス

　図 2.13 に示した内部導体の半径が r(m)、外部導体の半径が D(m) の同

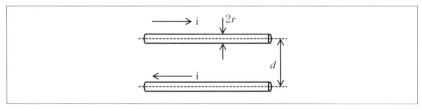

〔図 2.12〕並行導線の伝送線路

軸線の伝送線路では、単位長さあたりのインダクタンスと容量は、

$$\begin{cases} L = \dfrac{\mu}{2\pi} \ln\left(\dfrac{D}{r}\right) \quad [\mathrm{H/m}] \\ C = \dfrac{2\pi\varepsilon}{\ln(D/r)} \quad [\mathrm{F/m}] \end{cases}$$ ⋯⋯⋯⋯⋯⋯⋯⋯⋯⋯⋯ (2-47)

で与えられるので、無損失線路の特性インピーダンス Z_0 は、

$$Z_0 = \sqrt{\dfrac{L}{C}} = \dfrac{1}{2\pi}\sqrt{\dfrac{\mu}{\varepsilon}}\ln\left(\dfrac{D}{r}\right) = 60\sqrt{\dfrac{\mu_r}{\varepsilon_r}}\ln\left(\dfrac{D}{r}\right)$$ ⋯⋯⋯⋯ (2-48)

で、近似計算できる [4]。

(c) マイクロストリップ線路の特性インピーダンス（$W \gg h$ の場合）

　図2.14で示した、導体幅 $W(\mathrm{m})$、絶縁物の高さ $h(\mathrm{m})$ のマイクロストリップ線路では、$W \gg h$ の場合、単位長さあたりのインダクタンスと容量は、

$$\begin{cases} L = \dfrac{\mu h}{W} \quad [\mathrm{H/m}] \\ C = \dfrac{\varepsilon W}{h} \quad [\mathrm{F/m}] \end{cases}$$ ⋯⋯⋯⋯⋯⋯⋯⋯⋯⋯⋯⋯⋯ (2-49)

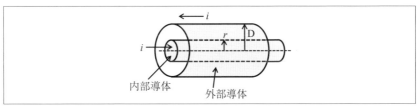

〔図2.13〕同軸線の伝送線路

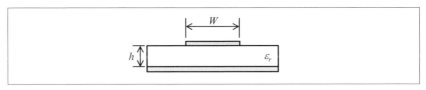

〔図2.14〕マイクロストリップ線路（$W \gg h$）

で与えられるので、無損失線路の特性インピーダンス Z_0 は、

$$Z_0 = \sqrt{\frac{L}{C}} = \sqrt{\frac{\mu}{\varepsilon}}\frac{h}{W} = 377\sqrt{\frac{\mu_r}{\varepsilon_r}}\frac{h}{W} \quad [\Omega] \quad \cdots\cdots\cdots\cdots (2\text{-}50)$$

で、近似計算できる。

(d) マイクロストリップ線路の特性インピーダンス（Hammerstad の近似式）

図2.15 に示したマイクロストリップ線路では、比透磁率が1のときには、特性インピーダンスの近似式として、$W/h<1$ の条件では、

$$Z_0 = \frac{60}{\sqrt{\varepsilon_{eff}}}\ln\left(\frac{8h}{W} + \frac{W}{4h}\right)$$

$$\varepsilon_{eff} = \frac{\varepsilon_r + 1}{2} + \frac{\varepsilon_r - 1}{2} \times \left[\frac{1}{\sqrt{1 + \dfrac{12h}{W}}} + 0.04\left(1 - \frac{W}{h}\right)^2\right] \quad \cdots\cdots (2\text{-}51)$$

$W/h<1$ の条件では、

$$Z_0 = \frac{120\pi}{\sqrt{\varepsilon_{eff}}}\left/\left[\frac{W}{h} + 1.393 + \frac{2}{3}\ln\left(\frac{W}{h} + 1.444\right)\right]\right.$$

$$\varepsilon_{eff} = \frac{\varepsilon_r + 1}{2} + \frac{\varepsilon_r - 1}{2} \times \frac{1}{\sqrt{1 + \dfrac{12h}{W}}} \quad \cdots\cdots\cdots\cdots (2\text{-}52)$$

で計算できる [5]。ここで、ε_{eff} は実効比誘電率である。

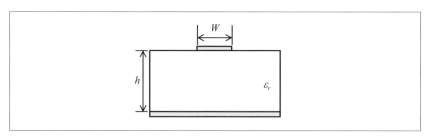

〔図2.15〕マイクロストリップ線路

（e）マイクロストリップ線路の特性インピーダンス（その他の近似式）

　その他の近似式としては、IPC（Institute for Interconnecting and Packaging Electronic Circuits）推奨の式がある。図 2.16 で示した、導体幅 W(m)、導体の厚さ t(m)、絶縁物の高さ h(m) のマイクロストリップ線路の特性インピーダンス Z_0 は、

$$Z_0 = \frac{87}{\sqrt{1.41 + \varepsilon_r}} \ln\left(\frac{5.98h}{0.8W + t} \right) \ [\Omega] \quad \cdots\cdots\cdots\cdots\cdots\cdots (2\text{-}53)$$

で、近似計算できる [6]。

（f）ストリップ線路の特性インピーダンス

　図 2.17 で示した、導体幅 W(m)、導体の厚さ t(m)、絶縁物の高さ h(m) のストリップ線路の場合には、特性インピーダンス Z_0 の近似式は、

$$Z_0 = \frac{60}{\sqrt{\varepsilon_r}} \ln\left[\frac{2b + t}{0.8W + t} \right] \quad \cdots\cdots\cdots\cdots\cdots\cdots\cdots\cdots\cdots\cdots\cdots (2\text{-}54)$$

で与えられる [6]。

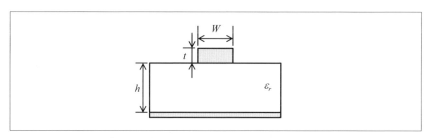

〔図 2.16〕その他マイクロストリップ線路

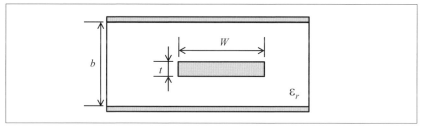

〔図 2.17〕ストリップ線路

（g）コプレーナ線路の特性インピーダンス

　図 2.18 で示したコプレーナ線路では、回路パターン幅 W、回路パターンと GND プレーンとの間隔 S、誘電体厚さ h、誘電率 ε_r とすれば、特性インピーダンスは、$k=W/(2S+W)$ としたとき、$0 \leq k \leq 0.707$ の場合は、

$$Z_0 = \frac{30\pi}{\sqrt{\varepsilon_{eff}}} \left\{ \frac{1}{\pi}\ln\left(2\frac{1+\sqrt{k}}{1-\sqrt{k}}\right) \right\}^{-1} \quad \cdots\cdots\cdots\cdots\cdots\cdots\cdots (2\text{-}55)$$

$0.707 \leq k \leq 1$ の場合は、

$$Z_0 = \frac{30\pi}{\sqrt{\varepsilon_{eff}}} \left\{ \frac{1}{\pi}\ln\left(2\frac{1+\sqrt{k}}{1-\sqrt{k}}\right) \right\} \quad \cdots\cdots\cdots\cdots\cdots\cdots\cdots (2\text{-}56)$$

で、近似できる [7]。

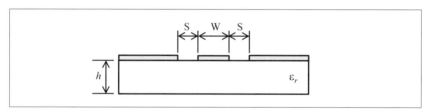

〔図 2.18〕コプレーナ線路

２－７　信号の反射と透過

　2-4節で偏微分方程式を解いて、無損失な分布定数線路を進む信号に、前進波と後進波があることを示した。また、2-5節でも、正弦波交流信号が入射された場合の偏微分方程式から、x方向に進む入射波と、反対方向に進む反射波を導出した。本節では、反射波（後進波）が、どこで発生するのか、また、その大きさは何によって決まるのかについて述べる。

　電気信号と同じ電磁波である光は、屈折率 n（比誘電率の平方根 $\sqrt{\varepsilon_r}$ に比例する）が異なる媒体界面で「反射 / 屈折」する。同様に、分布定数回路で扱うべき高周波信号も、伝送線路のインピーダンスが異なる境界で「反射」する。この様子を図2.19に示した。同図 (a) では、伝送線路の途中で特性インピーダンスが異なる場合で、同図 (b) は終端のインピーダンスが特性インピーダンスと異なる場合であり、いずれも信号の反射が起きる。尚、伝送線路という媒体を信号が伝送するので、光のような屈折は起きない。

　以降では、分布定数線路の偏微分方程式の解である（2-32）式及び、（2-37）式を用いて、インピーダンスが異なる境界で発生する反射波を導出する。図2.20は、特性インピーダンス Z_0 の伝送線路の終端に負荷 Z_L が接続された場合を示している。解析の簡単化のために、終端を起

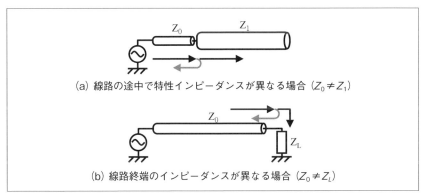

（a）線路の途中で特性インピーダンスが異なる場合（$Z_0 \neq Z_1$）

（b）線路終端のインピーダンスが異なる場合（$Z_0 \neq Z_L$）

〔図 2.19〕伝送線路上を伝播する信号の反射

点として左方向に軸を取るように $(x = -x')$ 変数変換する。

このとき、(2-32) 式及び (2-37) 式は、

$$\begin{cases} V(x') = V_i e^{\gamma x'} + V_r e^{-\gamma x'} \\ I(x') = \dfrac{V_i}{Z_0} e^{\gamma x'} - \dfrac{V_r}{Z_0} e^{-\gamma x'} \end{cases} \quad \cdots\cdots\cdots\cdots\cdots\cdots\cdots\cdots (2\text{-}57)$$

のように、変形できる。ここで、入射波と反射波の比率を反射係数 (reflection coefficient) $\Gamma(x')$ と定義すれば、

$$\Gamma(x') = \frac{V_r e^{-\gamma x'}}{V_i e^{\gamma x'}} = \frac{V_r}{V_i} e^{-2\gamma x'} \quad \cdots\cdots\cdots\cdots\cdots\cdots\cdots (2\text{-}58)$$

が得られる。負荷端では、電圧と電流の比は Z_L であり、(2-57) 式で与えられる伝送線路の $x' = 0$ における電圧と電流の比と同じになるべきであるので、

$$Z_L = \frac{V(0)}{I(0)} = \frac{V_i + V_r}{V_i - V_r} Z_0 \quad \cdots\cdots\cdots\cdots\cdots\cdots\cdots (2\text{-}59)$$

が導かれる。この関係から、反射電圧 V_r は、

$$V_r = \frac{Z_L - Z_0}{Z_L + Z_0} V_i \quad \cdots\cdots\cdots\cdots\cdots\cdots\cdots\cdots (2\text{-}60)$$

となる。従って、入射波（右方向に進行する電圧波）に対する反射波（左向方向に進行する電圧波）の比は、

$$\Gamma_0 \equiv \frac{V_r}{V_i} = \frac{Z_L - Z_0}{Z_L + Z_0} \quad \cdots\cdots\cdots\cdots\cdots\cdots\cdots (2\text{-}61)$$

となる。尚、伝送線路上の任意の位置 x' における電圧 $V(x')$、電流 $I(x')$ は、

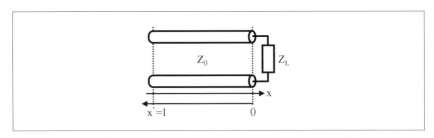

〔図 2.20〕$x = -x'$ として終端負荷 Z_L が接続された伝送線路

$V_r/V_i = \Gamma(0)$ とおけば、$\Gamma(x') = \Gamma(0)e^{-2\gamma x'}$ となるので、

$$\begin{cases} V(x') = V_i e^{\gamma x'} + V_r e^{-\gamma x'} = V_i e^{\gamma x'}\left(1 + \dfrac{V_r}{V_i}e^{-2\gamma x'}\right) = V_i e^{\gamma x'}\left\{1 + \Gamma(x')\right\} \\[3mm] I(x') = \dfrac{V_i}{Z_0}e^{\gamma x'} - \dfrac{V_r}{Z_0}e^{-\gamma x'} = \dfrac{V_i}{Z_0}e^{\gamma x'}\left(1 - \dfrac{V_r}{V_i}e^{-2\gamma x'}\right) = \dfrac{V_i}{Z_0}e^{\gamma x'}\left\{1 - \Gamma(x')\right\} \end{cases}$$

$$\cdots (2\text{-}62)$$

と表せる。この式より、任意の（有限の）長さをもつ伝送線路の入力インピーダンスを求めることができる。伝送線路が無損失であれば、伝送線路上のインピーダンスは、

$$Z_{in} = \frac{V(x')}{I(x')} = \frac{V_i\left(e^{j\beta x'} + \Gamma_0 e^{-j\beta x'}\right)}{V_i\left(e^{j\beta x'} - \Gamma_0 e^{-j\beta x'}\right)}Z_0 = \frac{e^{j\beta x'} + \Gamma_0 e^{-j\beta x'}}{e^{j\beta x'} - \Gamma_0 e^{-j\beta x'}}Z_0$$

$$= Z_0\frac{(Z_L + Z_0)e^{j\beta x'} + (Z_L - Z_0)e^{-j\beta x'}}{(Z_L + Z_0)e^{j\beta x'} - (Z_L - Z_0)e^{-j\beta x'}} = Z_0\frac{Z_L + jZ_0\tan\beta x'}{Z_0 + jZ_L\tan\beta x'}$$

$$\cdots (2\text{-}63)$$

と求められる。この式は伝送線路のインピーダンス方程式と呼ばれ、有限の長さをもつ伝送線路の入力インピーダンスを導出する際に有用である。

　伝送線路の入力インピーダンスは、終端条件により大きく異なる。終端が短絡された場合の伝送線路上の電圧、電流は、（2-63）式に $Z_L = 0$ を代入して、

$$\begin{cases} V(x') = V_i\left(e^{j\beta x'} + \Gamma_0 e^{-j\beta x'}\right) = 2jV_i\sin\beta x' \\[3mm] I(x') = \dfrac{V_i}{Z_0}\left(e^{j\beta x'} - \Gamma_0 e^{-j\beta x'}\right) = 2\dfrac{V_i}{Z_0}\cos\beta x' \end{cases} \quad \cdots\cdots\cdots\cdots (2\text{-}64)$$

であるので、線路上の任意の位置 x' におけるインピーダンスは、

$$Z_{in} = \frac{V(x')}{I(x')} = jZ_0\tan\beta x' \quad \cdots\cdots\cdots\cdots\cdots\cdots\cdots (2\text{-}65)$$

となる。この式より、終端が短絡された場合に、伝送線路の長さが変わると、入力からみたインピーダンスは容量性に見えたり、誘導性に見えたりすることがわかる。この時の入力インピーダンスの配線長依存性を

図 2-21（a）に示した。

一方、終端が開放された場合の伝送線路上の電圧、電流は、（2-63）式に $Z_L = \infty$ を代入して、

$$
\begin{cases}
V\left(x'\right)=V_i\left(e^{j\beta x'}+\Gamma_0 e^{-j\beta x'}\right)=2V_i\cos\beta x' \\
I\left(x'\right)=\dfrac{V_i}{Z_0}\left(e^{j\beta x'}-\Gamma_0 e^{-j\beta x'}\right)=2j\dfrac{V_i}{Z_0}\sin\beta x'
\end{cases}
\quad\cdots\cdots\cdots\cdots\text{(2-66)}
$$

であるので、線路上の任意の位置 x' におけるインピーダンスは、

$$
Z_{in}=\frac{V\left(x'\right)}{I\left(x'\right)}=-jZ_0\cot\beta x' \quad\cdots\cdots\cdots\cdots\cdots\cdots\cdots\cdots\text{(2-67)}
$$

となる。入力から見えるインピーダンスは、終端が短絡の場合とは逆の順序で容量性に見えたり、誘導性に見えたりする。この場合の入力インピーダンスの変化を図 2.21（b）に示した。

共振及び反共振の条件をまとめると、終端を開放しているとき、n を整数として、

$$
\begin{cases}
Z_{in}=0,\quad 1=\left(2n-1\right)\dfrac{\lambda}{4} \\
Z_{in}=\infty,\quad 1=\dfrac{n\lambda}{2}
\end{cases}
\quad\cdots\cdots\cdots\cdots\cdots\cdots\cdots\cdots\cdots\cdots\text{(2-68)}
$$

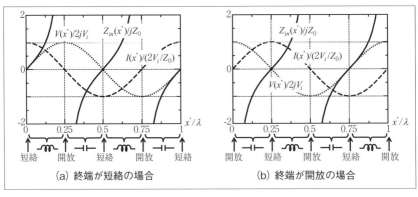

〔図 2.21〕有限の長さを持つ伝送線路の入力インピーダンス

となる。また、終端を短絡していれば、

$$\begin{cases} Z_{in} = 0, \quad 1 = \dfrac{n\lambda}{2} \\ Z_{in} = \infty, \quad 1 = (2n-1)\dfrac{\lambda}{4} \end{cases}$$ ……………………………… (2-69)

となる。

　この計算結果から、単純な配線が回路に大きな影響を及ぼしてしまうことがわかる。逆に、線路長を適切に選べば、誘導性 / 容量性の素子として有効利用できる。実際、10 GHz 以上の高周波回路では、伝送線路配線を積極的に利用している。

　次に、伝送線路の不連続部で発生する反射と透過について述べる。図 2.22 は、伝送線路の途中で特性インピーダンスが異なる（$Z_{01} > Z_{02}$）場合の例であり、進行波の一部は右方向へ進み、左方向へは反対極性の電圧が反射する。（左方向へ進む）反射波と（右方向へ進む）透過波のエネルギーは保存される。また、伝送線路の境界 x_0 での電圧値と電流値は、連続しているので、進行波の電圧、電流を $V_i(x_0)$、$I_i(x_0)$、反射波の電圧、電流を $V_r(x_0)$、$I_r(x_0)$、透過波の電圧、電流を $V_t(x_0)$、$I_t(x_0)$、とすれば、

$$\begin{cases} V_i(x_0) + V_r(x_0) = V_t(x_0) \\ I_i(x_0, t) + I_r(x_0) = I_t(x_0) \end{cases}$$ ……………………………… (2-70)

の関係が成立する。すなわち、特性インピーダンスの不連続部では、エネルギーの一部が反射、残りが透過することになる。入射エネルギーに対して不連続部を通過するエネルギーの比率を透過係数（transmission

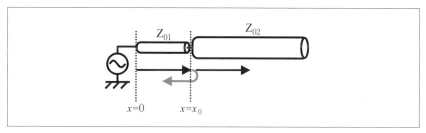

〔図 2.22〕伝送線路の途中で特性インピーダンスが異なる例

coefficient）といい、下記の関係がある。

$$V_t \equiv V_{in} + V_r = \left(\frac{2Z_{02}}{Z_{02} + Z_{01}} \right) V_{in} \quad \cdots\cdots\cdots\cdots\cdots\cdots (2\text{-}71)$$

$x = x_0$ の地点より、左側の伝送線路の任意の位置 x における電圧波は、位相定数を β_1 とすれば（2-32）式から、

$$V_i(x) + V_r(x) = V_i e^{-j\beta_1 x} + V_r e^{j\beta_1 x} \quad \cdots\cdots\cdots\cdots\cdots\cdots (2\text{-}72)$$

であるので、$x = x_0$ における電圧反射係数

$$\Gamma_v = \frac{V_r}{V_i} e^{j2\beta_1 x_0} \quad \cdots\cdots\cdots\cdots\cdots\cdots\cdots\cdots (2\text{-}73)$$

を用いて電圧反射波を表すと、

$$V_r(x) = V_r e^{j\beta_1 x} = \Gamma_v V_i e^{-j2\beta_1 x_0} e^{j\beta_1 x} = \Gamma_v V_i e^{-j\beta_1(2x_0 - x)} = \Gamma_v \times V_i(-x + 2x_0)$$

$$\cdots (2\text{-}74)$$

となる。

　伝送線路上では、境界点を含めて電圧波はどこでも連続であるので、$x = x_0$ より右側の伝送線路の位相定数を β_2 とすれば、その入射電圧波（透過電圧波）は、（2-70）式から、

$$V_t e^{-j\beta_2 x_0} = V_i e^{-j\beta_1 x_0} + V_r e^{j\beta_1 x_0} \quad \cdots\cdots\cdots\cdots\cdots\cdots (2\text{-}75)$$

となる。従って、

$$V_t = V_i e^{-j(\beta_1 - \beta_2)x_0} + V_r e^{j(\beta_1 + \beta_2)x_0} = V_i e^{-j(\beta_1 - \beta_2)x_0} \left(1 + \frac{V_r}{V_i} \frac{e^{j(\beta_1 + \beta_2)x_0}}{e^{-j(\beta_1 - \beta_2)x_0}} \right)$$

$$= V_i e^{-j(\beta_1 - \beta_2)x_0} \left(1 + \frac{V_r}{V_i} e^{j2\beta_1 x_0} \right) = V_i e^{-j(\beta_1 - \beta_2)x_0} \left(1 + \Gamma_v \right) \quad \cdots (2\text{-}76)$$

が得られ、この式を用いて $x = x_0$ より右側の伝送線路上を進行する透過波を求めると、

$$V_t(x) = V_t e^{-j\beta_2 x} = V_i e^{-j(\beta_1 - \beta_2)x_0}(1+\Gamma_v) \times e^{-j\beta_2 x} = V_i e^{-j\beta_1\left(1-\frac{\beta_2}{\beta_1}\right)x_0}(1+\Gamma_v) \times e^{-j\beta_2 x}$$

$$= V_i e^{-j\beta_1\left\{\left(1-\frac{\beta_2}{\beta_1}\right)x_0 + \frac{\beta_2}{\beta_1}x\right\}}(1+\Gamma_v) = (1+\Gamma_v)V_i e^{-j\beta_1\left\{\frac{\beta_2}{\beta_1}(x-x_0)+x_0\right\}}$$

$$= (1+\Gamma_v) \times V_i\left\{\frac{\beta_2}{\beta_1}(x-x_0)+x_0\right\} \qquad \cdots (2\text{-}77)$$

となる。

　図 2.23 は、$\beta_2 = \beta_1$ で $\Gamma_v = -0.33$ の場合における $x = x_0$ の境界を中心とした、入射波、反射波、透過波を計算した結果である。反射が発生する境界で、式 (2-75) の関係が成立していることがわかる。

　以上まとめると、特性インピーダンスが Z_{01} と Z_{02} である伝送線路の接続点における電圧反射係数 Γ_v、電流反射係数 Γ_i は、

$$\Gamma_v \equiv \frac{V_r}{V_i} = \frac{Z_{02} - Z_{01}}{Z_{02} + Z_{01}} \qquad \cdots\cdots\cdots\cdots\cdots\cdots\cdots\cdots\cdots (2\text{-}78)$$

$$\Gamma_i \equiv \frac{I_r}{I_i} = -\frac{Z_{02} - Z_{01}}{Z_{02} + Z_{01}} \qquad \cdots\cdots\cdots\cdots\cdots\cdots\cdots\cdots\cdots (2\text{-}79)$$

また、電圧透過係数 T_v、電流透過係数 T_i は各々

$$T_v \equiv \frac{V_t}{V_i} = -\frac{2Z_{02}}{Z_{02} + Z_{01}} \qquad \cdots\cdots\cdots\cdots\cdots\cdots\cdots\cdots\cdots (2\text{-}80)$$

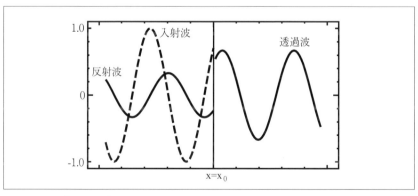

〔図 2.23〕$x = x_0$ における入射電圧、反射電圧、透過電圧

$$T_i \equiv \frac{I_t}{I_i} = \frac{2Z_{01}}{Z_{02} + Z_{01}} \quad \cdots\cdots\cdots\cdots\cdots\cdots\cdots\cdots\cdots \text{(2-81)}$$

で定義できる。

　図 2-24 は、特性インピーダンスが Z_1、Z_2、Z_3 である無損失伝送線路が接続された複数のインピーダンス不連続部がある場合の信号波の反射と透過の様子を示したものである。縦軸に時間をとり、最初に電圧 V_{in} が入射されたとすると、一定の時間経過後、信号は Z_1 と Z_2 の境界に達する。この境界の電圧反射係数が Γ_{12}、電圧透過係数が T_{12} であったとすれば、反射電圧は $\Gamma_{12}V_{in}$、透過電圧は $T_{12}V_{in}$ となる。透過電圧は、さらに伝送線路を進み、Z_2 と Z_3 の境界に達して、さらに反射と透過する。この境界の電圧反射係数を Γ_{23}、電圧透過係数を T_{23} とすれば、一部の電圧 $T_{23} \times T_{12}V_{in}$ は透過し、$\Gamma_{23} \times T_{12}V_{in}$ は反射して、伝送線路を逆方向に進行し、一定時間経過後再び Z_1 と Z_2 の境界に達し、さらに反射と透過を繰り返す。このように、不連続部が複数ある伝送線路では、不連続部で反射と透過が発生する。

　図 2.25 は、特性インピーダンス Z_1 の伝送線路に、各々特性インピーダンス Z_2、Z_3 の伝送線路 2 と 3 が並列に接続された分岐を持つ場合の

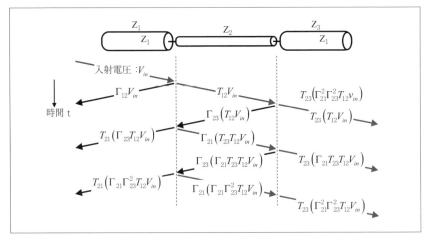

〔図 2.24〕インピーダンスの不連続部が複数ある伝送線路の信号反射と透過

例である。このとき、線路2と線路3の合成入力インピーダンス $Z_{2/3} = Z_2 Z_3 / (Z_2 + Z_3)$ として、分岐点での反射係数

$$\Gamma = \frac{Z_{2/3} - Z_1}{Z_{2/3} + Z_1} \quad \cdots\cdots\cdots\cdots\cdots\cdots\cdots\cdots\cdots\cdots\cdots\cdots\cdots\cdots \quad (2\text{-}82)$$

で、反射電圧が求められる。

一方、線路2、線路3への透過（分配）は、キルヒホッフ則に従う。すなわち、線路2及び線路3の透過電圧は同じで、線路2と3の透過電流は、$1/Z_2$ と $1/Z_3$ の比率で分配される。

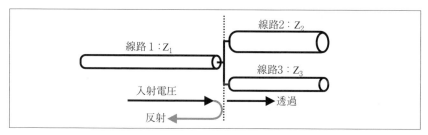

〔図2.25〕異なるインピーダンスの伝送線路が並列に接続された例

2−8　ラティスダイアグラム

　伝送線路を伝搬する信号の状態は、ラティスダイアグラム（Lattice Diagram）と呼ばれる格子線図で図示することができる。近年の回路シミュレーション用 CAD（Computer Aided Design）で、伝送線路の信号伝搬などは簡単に計算できるが、リンギングと呼ばれる送受信端電圧の振動現象がどのように発生するのかを理解するには、ラティスダイアグラムは非常に適した手法である。

　ラティスダイアグラムでは、ステップ電圧が入力された場合の反射現象を扱うので、最初に、特性インピーダンス Z_0 の無損失の伝送線路に、出力インピーダンス $r=Z_0$ の（伝送線路と整合した）駆動部から入射電圧 V_i のステップ波形を入力したときの反射波形を、終端部が、①終端部を開放、②終端部を短絡、③特性インピーダンスと同じ値の抵抗で終端した場合で図示しておく。

　終端が開放（$Z_L=\infty$）された図 2.26（a）の場合には、進行波は、時間 τ 後に終端に達する。進行波は、終端より右には行けないので、反射して左方向に進む。この時の電圧は、同図（b）に示したように、反射波と進行波が強めあって 2 倍になり、電流は左右逆向きに流れるので打ち消

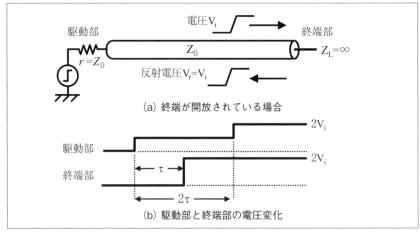

〔図 2.26〕終端が開放されている伝送線路にステップ電圧が入力された場合

しあってゼロになる。左方向に進行した反射波により、駆動部の電圧は、信号が線路を往復する時間 2τ 後に、$2V_i$ になる。

　終端が短絡（$Z_L=0$）された図 2.27（a）の場合、進行波が時間 τ 後に終端に到達した瞬間に、強制的に電圧がゼロになるように、逆向きの電圧が発生する。この時、電流は左にマイナスの電流が流れるので 2 倍になる。伝送線路上の電圧は、同図（b）に示したように、電圧をゼロにするために伝送線路上の電圧 V_i を打ち消すように、反対極性の同じ電圧 $-V_i$ が発生する。発生した電圧は、伝送線路を反対方向に伝搬する（逆極性なので伝搬に伴い、線路上の電圧はゼロになってゆく）。駆動部の電圧は、信号が線路を往復する時間 2τ 後に、ゼロになる。

　一方、図 2.28（a）に示した終端整合（$Z_L=Z_0$）している場合には、進行波が終端に到達しても、電圧、電流の関係に変化はなく、反射波も発生しないので、電力は終端負荷で全て消費される。このとき、駆動部から見ると、伝送線路は、あたかも無限長のように振る舞うことになる。また、終端部の電圧は、同図（b）に示したように時間 τ 後に駆動部の電圧と同じになる。

　以上、いずれも駆動部の出力インピーダンスが伝送線路と整合している場合の、終端のインピーダンスに対応した伝送線路上の電圧変化を示

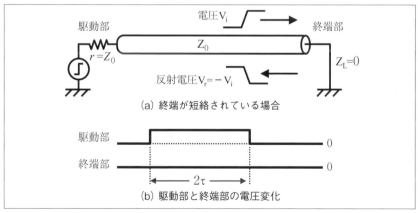

〔図 2.27〕終端が短絡されている伝送線路にステップ電圧が入力された場合

した。これを基にして、駆動部（近端）、終端部（遠端）に接続されたイ
ンピーダンスが共に伝送線路のそれと異なる場合に、近端と遠端におけ
る反射を繰り返し計算して信号電圧などを求めてゆく手法であるラティ
スダイアグラムについて述べる。ラティスダイアグラムでは、横軸は伝
送線路の距離（近端と遠端）を、縦軸は時間経過を下向きに表わす。

　図2.29は、線路長が ℓ で特性インピーダンス Z_0 の一様な無損失分布
定数線路に、内部抵抗 r_0、電圧 V_0 の信号源が、線路の送信端（A点）に
接続され、受信端には負荷インピーダンス Z_L が接続されている例である。

　以降、送信端、受信端における電位変化の時刻に従ってラティスダイ
アグラムを説明する。送信信号が変化する瞬間（$t=0$）は、図2.30に示
したように、線路の送信端における進行波のみがあり、反射波が無い（ま
たは送端に戻っていない）状況である。従って、$t=0$ の瞬間、駆動部（送

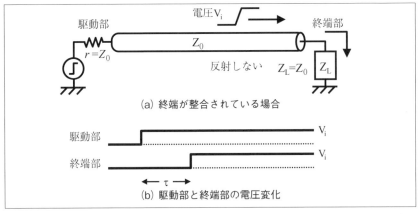

〔図 2.28〕 終端が整合されている伝送線路にステップ電圧が入力された場合

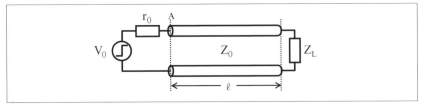

〔図 2.29〕 駆動抵抗 r_0 と終端抵抗 Z_L が接続された線路長 ℓ の伝送線路

信端）には半無限長線路が接続され、線路には送端から送り出される入射波（右進行波）だけが存在し、後述する反射波（左進行波）は存在しないと考えてよい。その結果、同図（b）に示した送信端 A にインピーダンス Z_0 の抵抗が直接接続されている等価回路が導き出せる。

この時の送信端（A 点）の電圧は、抵抗比で分圧されるので、

$$V_i = \frac{Z_0}{Z_S + Z_0} V_0 = \frac{Z_0}{r_0 + Z_0} V_0 \quad \cdots\cdots\cdots\cdots\cdots\cdots\cdots\cdots\cdots (2\text{-}83)$$

となる。この時の電圧を入射分圧 V_i といい、無損失伝送線路の場合、この電圧が受信端（終端）まで伝搬する。信号が受信端まで到達する時間は、線路長 ℓ の伝送線路を伝搬する信号の速度を u_0 とすると、$\tau = \ell / u_0$ で求められる。また、送信端電圧は反射波が再び反射されて戻ってくるまでは、この入射電圧を維持する。送信端で反射した波は $t=2\tau$ で受信端に到達したとき、伝送線路と負荷インピーダンスが異なっていれば再び反射するが、その電圧は、入射電圧と受信端の反射係数 $\Gamma_L = (Z_L - Z_0)/(Z_L + Z_0)$ の積（$V_i \times \Gamma_L$）で求められる。この時、受信端の電圧は、入射電圧と反射電圧の和 $V_i \times (1 + \Gamma_L)$ と変化し、再び反射電圧が戻ってくる 4τ 後までは変化しない。

反射電圧は、伝送線路を逆方向に伝搬し、3τ 後に送信端に到達する。この時、伝送線路と信号源インピーダンスが異なっていれば、信号は再び反射する。再反射した電圧の大きさは、送信端の反射係数 $\Gamma_S = (r_0 - Z_0)/(r_0 + Z_0)$ と、終端から反射してきた電圧 $V_i \times \Gamma_L$ の積で求められる。この時、受信端の電圧は、入射電圧に戻ってきた反射電圧、さらに送信端で再び反

〔図 2.30〕抵抗 r_0 を持つ駆動部の $t=0$ における等価回路

射した電圧が加わった値 $V_i \times \{1+(1+\varGamma_S) \times \varGamma_L\}$ となる。このような反射を繰り返した様子をラティスダイアグラムとしてまとめたものが、図 2.31 である。

　設問 2-11 のように、伝送線路の送受信端の反射係数の符号が異なる場合は、伝送線路を伝わる信号に、図 2.31 に示したような階段状のオーバーシュートや、アンダーシュートが発生する。オーバーシュートは、矩形波の立ち上がった信号の規定値（この場合は駆動部の電圧）を超えた部分のことで、アンダーシュートは、矩形波の立下りで、矩形波の規定値（この場合は GND 電位）の下に出た部分のことである。図 2.32 は、波形の反射が繰り返され、波形が振動するリンギング現象が発生している様子である。

　反射による激しいリンギングが発生すると、図 2.33 に示したようなプリント基板上に実装された LSI 間を接続する際に、送信側（LSI 1）のドライバ回路出力の「H」または「L」の論理が、受信側（LSI 2）のレシーバ回路で正しく判定されないというデータの誤判定が起こる可能性がある。図 2.31 では、出力の「H」レベルが 3.3 V、「L」レベルが GND の

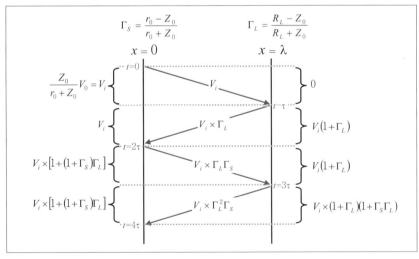

〔図 2.31〕ラティスダイアグラム

信号が送信された例であり、受信端で反射によるリンギングが発生し、「L」から「H」レベルの遷移において最大値が5V近くとなるオーバーシュート、最小値が2Vを下回るアンダーシュートが生じている。もし、受信端回路が2.2V以上を「H」と判定する動作をするならば、受信端の電圧にノイズが重畳しても、2.2Vを下回らなければ受信回路が誤判定をすることはない。これを雑音余裕度または、ノイズマージン（noise margin）という。この例ではノイズマージン以上にリンギングが発生しているので、誤判定が発生すると予想できる。同様に、「H」から「L」への遷移でもリンギングが発生するならば、同じようにノイズマージンを考える必要がある。尚、このようなリンギング現象は過渡応答の一種

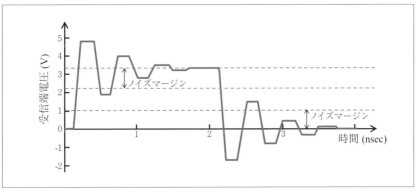

〔図2.32〕受信端電圧のリンギング現象

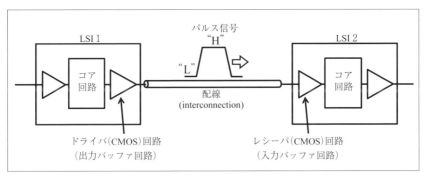

〔図2.33〕LSI間の信号伝送

で、一定時間経過後の受信端電圧は、送信側の「H」「L」出力の値に収束する。

　図2.34にインターフェース規格の一例として、CMOS及びLVTTL（Low Voltage TTL）規格を示した。CMOSの場合は、出力は「H」レベルが V_{OH} (2.5 V) 以上で、「L」レベルは V_{OL} (0.4 V) 以下が規格値として定義されており、受信では、「H」レベルが V_{IH} (2.3 V) 以上、「L」レベルが V_{IL}(0.66 V) 以下とされている。この値によれば、出力「H」レベルが2.5 Vで、受信CMOS回路の「H」入力判定値が2.3 Vであるので、この差である0.2 Vがノイズマージンになる。一方、LVTTLでは、出力は「H」レベルが V_{OH} (2.4 V) 以上で、「L」レベルは V_{OL} (0.4 V) 以下が規格値として定義されており、受信では、「H」レベルが V_{IH} (2.0 V) 以上、「L」レベルが V_{IL} (0.8 V) 以下とされている。この値から、出力「H」レベルが2.4 Vで、受信CMOS回路の「H」入力判定値が2.0 Vであれば、この差である0.4 Vがノイズマージンになる。伝送線路でリンギングが発生しても、このレベルを超えないように留意する必要がある。

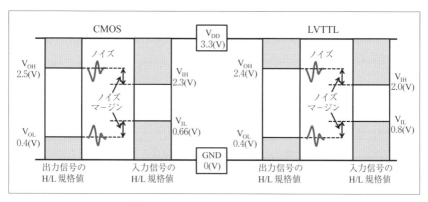

〔図2.34〕インターフェース規格

2−9　高周波損失

　2-7 節及び 2-8 節では、無損失線路の反射や透過現象に関して述べたが、実際の伝送線路には抵抗成分があり、損失が発生する。2-2 節で求めた伝搬定数 γ を実部と虚部になるように近似すると、

$$\gamma = \sqrt{\left(j\omega L + R\right)\left(j\omega C + G\right)} = j\omega\sqrt{LC}\sqrt{\left(1 + \frac{R}{j\omega L}\right)\left(1 + \frac{G}{j\omega C}\right)}$$

$$\cong j\omega\sqrt{LC}\left[1 + \frac{1}{2j\omega}\left(\frac{R}{L} + \frac{G}{C}\right)\right] = \frac{1}{2}\left(\frac{R}{Z_0} + GZ_0\right) + j\omega\sqrt{LC}$$

$$\cdots (2\text{-}84)$$

となる。(2-84) 式の最終結果の実部に相当する減衰項 α 及び、虚部に相当する位相項 β が得られる。

$$\gamma = \alpha + j\beta = \left(\frac{R}{2Z_0} + \frac{GZ_0}{2}\right) + j\omega\sqrt{LC} \quad\cdots\cdots\cdots\cdots\cdots\cdots (2\text{-}85)$$

　(2-85) 式の実部は 2 つの項から構成されており、この項を $\alpha_C + \alpha_D$ とすると、最初の項 α_C は導体損失、第 2 項の α_D は誘電損失に相当する。導体損失は、伝送線路の抵抗成分に起因する損失であるが、導体に高周波信号が印加された場合には、表皮効果といわれる現象が発生するので、この影響を考慮して計算する必要がある。表皮効果とは、導体に交流電流が流れると交流磁界が発生し、この磁界が、導体の中に電流の変化を妨げる起電力を生じることである。図 2.35 に示したように、導体中央部では、導体中を流れる電流により発生した多数の磁束により、逆方向の電流が重なって流れることから、電流が非常に流れにくい。逆に、導体の表面では磁束との交差が導体中では一番少なくなるので、電流が流れやすいとわかる。

　上述した現象を電磁気的に解析すれば、導体中の電流分布を求めることができる。ここでは、その結果のみを用いる。表皮深さ (skin depth) は、導体中の電流密度が導体表面電流の $1/e$ (約 0.37) になる深さで、体積導電率 σ [S/m]、体積抵抗率 $\rho = 1/\sigma$ [Ωm]、透磁率 $\mu = \mu_0 = 4\pi \times 10^{-7}$ [H/m] とすれば、

$$\delta = \sqrt{\frac{2}{\omega\sigma\mu}} = \frac{1}{\sqrt{\pi\sigma\mu f}} = \sqrt{\frac{\rho}{\pi\mu f}} \quad \cdots\cdots\cdots\cdots\cdots\cdots\cdots\cdots (2\text{-}86)$$

で計算できる。導体が銅（Cu）の場合、導電率 $\sigma = 5.8 \times 10^7 (\mathrm{S/m})$、または体積抵抗率は、$\rho = 1.72 \times 10^{-8} (\Omega\mathrm{m})$ であるので、表皮深さの式 (2-86) に数値を代入すると

$$\delta = \frac{0.066}{\sqrt{f}} [\mathrm{m}] \quad \cdots\cdots\cdots\cdots\cdots\cdots\cdots\cdots\cdots\cdots\cdots\cdots\cdots (2\text{-}87)$$

が得られる。以下では、表皮効果による抵抗成分を、プリント基板上の配線抵抗を例に近似計算で求めることにする。

　図 2.36（a）に示した、配線長 ℓ、幅 W、厚み t とした矩形導体の直

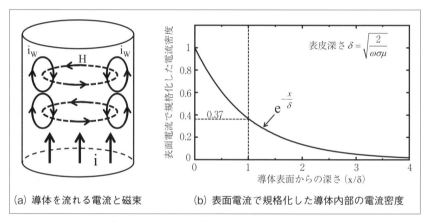

（a）導体を流れる電流と磁束　　（b）表面電流で規格化した導体内部の電流密度

〔図 2.35〕表皮効果から導出された導体内部の電流密度

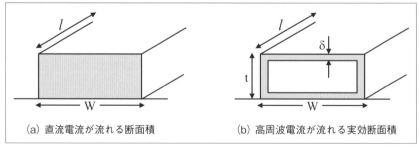

（a）直流電流が流れる断面積　　　（b）高周波電流が流れる実効断面積

〔図 2.36〕表皮効果による電流が流れる実効面積の変化

流抵抗 R_{DC} は、体積抵抗率を $\rho[\Omega m]$ とすると、

$$R_{DC} = \rho \frac{l}{S} = \rho \frac{l}{Wt} \quad \cdots\cdots\cdots\cdots\cdots\cdots\cdots\cdots\cdots\cdots\cdots \text{(2-88)}$$

となる。一方、高周波抵抗は、表皮効果を考慮した有効断面積で計算する必要がある。同図 (b) に示したように、導体表面から表皮深さ分の領域に、均一に電流が流れると近似すれば、実効断面積は、

$$S = 2\delta W + 2\delta(t - 2\delta) \quad \cdots\cdots\cdots\cdots\cdots\cdots\cdots\cdots\cdots\cdots\cdots \text{(2-89)}$$

となるが [8]、配線幅に比較して、表皮深さが非常に小さい場合 $(W \gg \delta)$ には、

$$R_{HF} = \rho \frac{l}{S} \approx \rho \frac{l}{2\delta W} = \frac{\rho l \sqrt{\pi f \mu \sigma}}{2W} = \frac{\rho l \sqrt{\pi \mu \sigma}}{2W}\sqrt{f} \quad [\Omega] \quad \cdots \text{(2-90)}$$

とさらに近似できる。

　一方、以降で計算する導体損失は、誘電体を挟んだ導体直下の GND 金属に、リターン電流が流れることも考慮する必要がある。GND 金属が伝送線路と同じ材質ならば、GND を流れるリターン経路の電流は、図 2.37 のように伝送線路の直下にほぼ同じ形状で分布すると考えてよいことから、伝送線路と同程度の抵抗が発生する。従って、リターン経路分の損失を考えて、以降の計算では抵抗値を 2 倍にして計算する。

　信号が伝送線路を進むときの損失は、例えば進行波の絶対値を考えると、

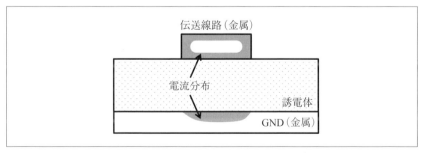

〔図 2.37〕マイクロストリップ線路のリターン電流分布

$$\left|V_i(x)\right| = \left|V_i\,\mathrm{e}^{-\gamma x}\right| = \left|V_i\,\mathrm{e}^{-(\alpha+j\beta)x}\right| = V_i\,\mathrm{e}^{-\alpha x} = V_i\,\mathrm{e}^{-(\alpha_C+\alpha_D)x} \quad \cdots\cdots (2\text{-}91)$$

と表せるので、導体損失は入力端と $x=\ell$ での α_C に係る電圧比から求められ、(2-85) 式で求めた損失パラメータ α_C を代入するときに、抵抗値を2倍すると、

$$Loss_{C1} = 20\log_{10}\frac{\left|V_i(\ell)\right|_{\alpha_C}}{\left|V_i(0)\right|_{\alpha_C}} = 20\log_{10}\left(\mathrm{e}^{-\alpha_C\ell}\right) = -20\left(\frac{R\ell}{Z_0}\right)\times\log_{10}e \quad [\mathrm{dB}]$$
$$\cdots (2\text{-}92)$$

と計算できる。さらに、高周波での表皮効果による抵抗成分を表した式 (2-90) を代入すれば、単位長さあたりの導体損失は、高周波における抵抗値を代入して、

$$Loss_C = -20\left(\frac{\sqrt{f\pi\mu\rho}}{2WZ_0}\right)\times\log_{10}e \quad [\mathrm{dB/m}] \quad \cdots\cdots\cdots\cdots (2\text{-}93)$$

となる。配線材料が、銅材質（非強磁性）のマイクロストリップ線路の場合に、数値を代入して、導体損失を計算すると、

$$Loss_C = -\frac{2.26\times10^{-8}\times\sqrt{f}}{W} = -\frac{715\sqrt{f(\mathrm{GHz})}}{W(\mu\mathrm{m})} \quad [\mathrm{dB/m}] \quad \cdots (2\text{-}94)$$

が得られ、導体損失は周波数の平方根に比例するとわかる。

一方、誘電損失は、式 (2-84) 実部の第2項を基に、入力端と $x=\ell$ での α_D に係る電圧比から求められ、

$$Loss_{D1} = 20\log_{10}\frac{\left|V(\ell)\right|_{\alpha_D}}{\left|V(0)\right|_{\alpha_D}} = 20\times(-\alpha_D\ell)\times\log_{10}e$$

$$= -20\left(\frac{GZ_0}{2}\ell\right)\times\log_{10}e \quad [\mathrm{dB}] \quad\quad\quad \cdots\cdots\cdots (2\text{-}95)$$

となる。誘電損失は、誘電体に交流信号が印加されたときに、双極子が交流電場に伴い交互に向きを変える際の遅れにより熱エネルギーとして損失が発生する現象である。この等価回路は、図 2-38 (a) に示したように、コンダクタンスと容量の並列接続で表され、同図 (b) は、アドミタ

ンスの複素ベクトル表示（フェーザ図）である。コンダクタンスとキャパシタンス成分の位相角を δ とすれば、$G = \omega C \tan \delta$ で表される関係式が成立する。この関係式と、

$$Z_0 = \sqrt{L/C}, \quad u_0 = 1/\sqrt{LC} = 1/\sqrt{\varepsilon \mu} \approx 1/\left(c_0 \sqrt{\varepsilon_r}\right)$$

の関係を用いて、誘電損失を求める。ここで、c_0 は光速度である。

（2-85）式の実部第二項から、誘電損失は、

$$
\begin{aligned}
Loss_{Dl} &= -20\left(\frac{GZ_0}{2}\ell\right) \times \log_{10} e = -20\left(\frac{\omega C \tan \delta Z_0}{2}\ell\right) \times \log_{10} e \\
&= -20\left(\frac{2\pi f C \tan \delta \sqrt{L/C}}{2}\ell\right) \times \log_{10} e = -20\left(\pi f \tan \delta \sqrt{LC}\ell\right) \times \log_{10} e \\
&= -20\left(\pi f \tan \delta \sqrt{\varepsilon_r}\ell\right) \times \log_{10} e \quad [\text{dB}] \qquad \cdots (2\text{-}96)
\end{aligned}
$$

となる。配線材料が、非強磁性である銅材質のマイクロストリップ線路の場合に、数値を代入して、単位長さあたりの誘電損失を計算すると、

$$Loss_D = -90.9\sqrt{\varepsilon_r} \times \tan \delta \times f(\text{GHz}) \quad [\text{dB/m}] \quad \cdots\cdots\cdots (2\text{-}97)$$

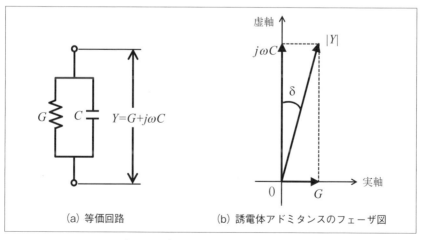

(a) 等価回路　　　　(b) 誘電体アドミタンスのフェーザ図

〔図2.38〕誘電体のアドミタンス

が得られ、誘電損失は周波数に比例することがわかる。

　図2.39は、導体損失と誘電損失の周波数依存性を計算した結果である。導体損失は、配線厚 40 μm で配線幅を 100 μm、200 μm、400 μm の場合について計算している。尚、表皮深さに比べ、配線厚が十分大きければ、配線厚は導体損失に影響しない。一方、誘電損失は、誘電体の比誘電率が 4.7 の場合で、tanδ を 0.02、0.01、0.005 の場合について計算した。一般によく使われる 100 μm 幅（40 μm 厚）の Cu パターンでは、tanδ=0.02 の場合、3 GHz 付近で導体損失と誘電損失の大きさが逆転していることがわかる。

　図2.40 は、Cu 導体 (配線幅 100 μm、厚さ 35 μm、長さ 30 cm) で導電率 σ=5.8 × 10^7(S/m)、誘電体は比誘電率 4.4、tanδ=0.017 の場合、総合損失を計算した結果である。総合損失は、誘電損失と、導体損失を合計したものであり、3 GHz 以上の帯域では、誘電損失が総合損失を支配していることがわかる。

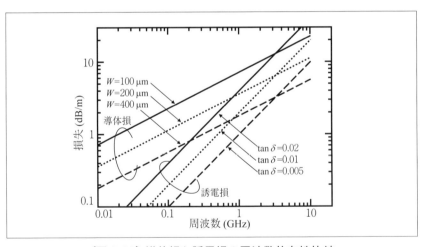

〔図2.39〕導体損と誘電損の周波数依存性比較

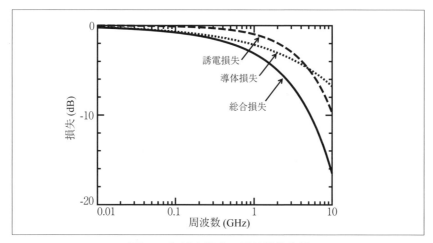

〔図 2.40〕総合損失の周波数依存性

2－10　分布定数線路のシミュレーション手法

　回路シミュレータに分布定数線路に対応したモデルが用意されていない場合には、分布定数線路を、集中定数素子で置き換えてシミュレーションを実行する場合がある。本節では、分布定数線路の集中定数モデルを導出する際の線路分割の目安について述べる。図2.40に示したように、単位長さ当たりのインダクタンス L、キャパシタンス C をもつ配線長 ℓ の伝送線路を考える。この伝送線路に、立ち上がり時間 t_r のステップ信号が印加されるとする。ここで伝送線路を N 分割すれば、一段あたりの等価回路におけるインダクタンス L_0、キャパシタンス C_0 は各々、$L_0=L/N$、$C_0=C/N$ で与えられる。

　分割数を求める指標として、入力信号の伝搬速度を u_0 とした場合、1段当りの配線遅延を信号の立ち上がり時間 t_r の1/10 より小さくするなどがある。伝送線路を伝搬する信号の遅延時間は、ℓ/u_0 であるので、分割数 N は、

$$\Delta t = \frac{1}{N} \times \frac{\ell}{u_0} < \frac{t_r}{10} \quad \cdots\cdots\cdots\cdots\cdots\cdots\cdots\cdots\cdots\cdots\cdots\cdots\cdots (2\text{-}98)$$

から、

$$N > 10\frac{\ell}{u_0 t_r} \quad \cdots\cdots\cdots\cdots\cdots\cdots\cdots\cdots\cdots\cdots\cdots\cdots\cdots\cdots (2\text{-}99)$$

と求められる。線路の単位長当りインダクタンス及びキャパシタンスから、伝搬速度は、$u_0=1/\sqrt{LC}$ であり、分割された1段当りの等価定数は $L_0=L\ell/N$、$C_0=C\ell/N$ であるので、分割された単位区間の遅延 Δt は、$\Delta t=\sqrt{L_0 C_0}<t_r/10$ で計算できる。

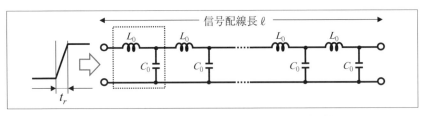

〔図 2.41〕分布定数線路の LC 集中定数回路近似

一方、入力波形が交流信号の場合には、2-7 節で述べたように、配線長が波長の 1/2 の整数倍に相当する周波数において共振現象（入力インピーダンスが発散）が発生する。(2-68) 式及び、(2-69) 式を変形して、伝送線路長が固定されている場合に、共振が現れる周波数 f_{res} を求める。伝送線路の長さが 1 波長に相当する周波数を f_0、その伝送線路の遅延時間を T_D とすれば、

$$f_{res} = m\frac{f_0}{2} = m\frac{1}{2T_D} \quad \cdots\cdots\cdots\cdots\cdots\cdots\cdots\cdots\cdots\cdots\cdots \quad (2\text{-}100)$$

となる。尚、m は整数で、共振する周波数は繰り返し発生することがわかる。1 個の L と C で構成された 1 段の集中定数回路モデルが適用できる周波数帯域 f_{BW} は、最初の共振（$m=1$）が発生する周波数のおおよそ 1/4 である [6]。

$$f_{BW} = \frac{1}{4}\,f_{res} = \frac{1}{4}\times\frac{1}{2T_D} \quad \cdots\cdots\cdots\cdots\cdots\cdots\cdots\cdots\cdots\cdots \quad (2\text{-}101)$$

この周波数以上でもモデルが使えるようにするには、この周波数以上の共振現象を再現できるように分割数を大きくする必要がある。線路全体を 2 分割すると、分割セル回路のインダクタンスとキャパシタンスは $L/2$、$C/2$ となる。この分割されたモデルが適用できる周波数帯域は、1 段の集中定数回路の 2 倍にできる。分割数 n で、近似可能な周波数 f_{res} は、

$$f_{BW\_n} = n\times\frac{1}{4}\,f_{res} = n\times\frac{1}{4}\times\frac{1}{2T_D} \quad \cdots\cdots\cdots\cdots\cdots\cdots\cdots \quad (2\text{-}102)$$

となる。

尚、上述した分割方法以外にも、小型で伝送線路を近似できる回路が提案されている。図 2.42 は、lattice-π 型と呼ばれる構成である [9]。

この回路の特性アドミタンス $Y_{0\pi}$ は、

$$Y_{0\Pi} = \sqrt{\frac{C_1+C_2}{L}\left(1-\frac{\omega^2 L C_1}{4}\right)} \quad \cdots\cdots\cdots\cdots\cdots\cdots\cdots \quad (2\text{-}103)$$

で与えられ、また群遅延が最大平坦になる条件は、キャパシタンス比が

$$k \triangleq \frac{C_2}{C_1 + C_2} = 0.33 \quad \cdots\cdots\cdots\cdots\cdots\cdots\cdots\cdots\cdots\cdots\cdots\cdots \quad (2\text{-}104)$$

の時となる。

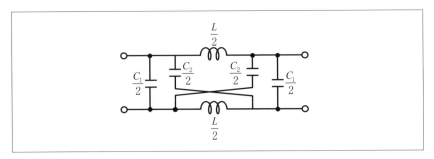

〔図 2.42〕lattice-π 型回路

2−11　クロストークノイズ

　クロストークは、「漏話」とも呼ばれる。アナログ電話が使われていた時に他の通話が漏れ聞こえたことから名づけられたもので、半導体チップやプリント基板上の伝送線路を伝搬する電気信号が電磁結合により、他の伝送線路へ漏れることで発生する。その結果、送信端から伝送された信号がクロストークにより途中で乱され、受信端で正しく判別できない問題が発生することもあるので、その原因と対処法を理解することは重要である。クロストークは、線路が互いに近くなり、電界（容量性結合）、磁界（誘導性結合）の結合が強くなるほど、深刻な影響を信号伝送に与える。その発生メカニズムを、図2.43を用いて説明する。同図において、加害者側線路（Aggressor）である伝送線路①には、送信回路が接続されている。この線路を伝搬する信号が右方向に進むとすると、その電位変化の瞬間に線路間の結合容量 C_m を介して電流が被害者側線路（Victim）である伝送線路②へ流れ込む。また、線路間には、相互インダクタンス L_m が存在し、この誘導電流による電圧も伝送線路②に発生する。これらにより伝送線路②に誘導される電圧をクロストークノイズという [6]。

　まず、容量性結合の場合のクロストークノイズに関して定性的に述べる。線路①を伝搬する信号がステップ状であるとすると、その電位変化の瞬間に結合容量 C_m を介して電流が伝送線路②へ流れ込む。流れ込んだ電流は、線路②の前後に半分ずつ流れ、後方には一定の電流が進み、前方には加算された電流が進む。この様子を図2.44の下部に示した。

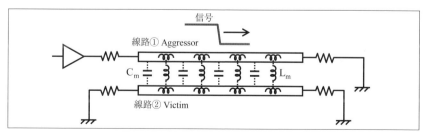

〔図2.43〕クロストーク発生の原因

$t=0$ 時点で線路①を進むステップ状の信号の遷移により流れる容量電流を $i_0(t)$ とすると、線路①を進む信号の遷移点の移動に伴って、結合電流も右方向に移動する。電流 $i(t)$ の添字は時間経過を示しており、2 単位時間前の電流 $i_{-2}(t)$ と、1 単位時間前の電流 $i_{-1}(t)$ も、左右方向に線路①電流と同じ速度で進行するので、右方向へ進行する各々の電流は $t=0$ 時点での電流 $i_0(t)$ と同じ位置となる。一方、左方向へは常に一定の電流が流れるようになる。

　伝送線路の近端（ドライバ側）と遠端（レシーバ側）における容量性結合のクロストークノイズを図 2.45 に示した。近端では線路①の遷移点から左方向に流れる容量結合電流が次々に流れ込んでくるので、一定の電流が流れつづけることになる。電流が流れる期間は、信号が伝送線路を進行する時間 τ に相当する。一方、線路①の遷移点から右方向に流れる電流は、次々に加算されて進むので、最終的に信号が伝送線路を進行する時間 τ だけ遅れて遠端に現れる。

　次に、誘導性結合の場合のクロストークノイズに関して定性的に述べる。図 2.46 に示したように近接している導体 a、b があり、導体 a に交

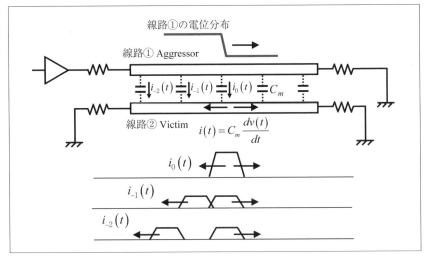

〔図 2.44〕容量性結合によるクロストーク電流

流電流が流れたとき発生する磁束 B を打ち消すように、逆方向の磁束 B'
が発生する。この磁束 B' により、もう一方の導体 b に、導体 a の電流
と逆方向の電流が流れる。

　この現象は電磁誘導として知られており、クロストークの原因の一つ
である。この現象によるクロストークを表す等価回路モデルを図 2.47
に示した。ここで、線路①を伝搬する信号を容量性結合の場合と同様に
ステップ状であるとする。

　信号線①の立ち上がりエッジでは L_m を通じて信号線②に電流が誘導
される。従って容量性結合のときと同様に、誘導された電流は、前後に
半分ずつ流れていくので、後方には常に一定の電流が流れる。前方には

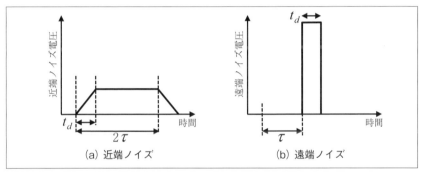

〔図 2.45〕容量結合による近端及び遠端のクロストークノイズ

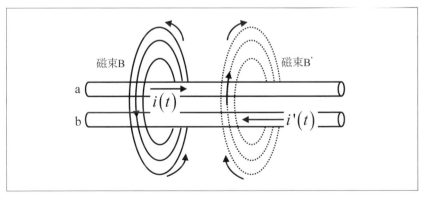

〔図 2.46〕誘導性結合による電流の誘起

加算された電流が進むが、その方向は容量結合とは逆になる。この様子を図 2.47 の下部に示した。$t=0$ 時点で線路①を進むステップ状の信号の遷移により流れる誘導電流を $i_0(t)$ とすると、線路①を進む信号の遷移点の移動に伴って、誘導電流も右方向に移動する。電流 $i(t)$ の添字は時間経過を示しており、2 単位時間前の電流 $i_{-2}(t)$ と、1 単位時間前の電流 $i_{-1}(t)$ も、左右方向に線路①電流と同じ速度で進行するので、右方向へ進行する各々の電流は $t=0$ 時点での電流 $i_0(t)$ と同じ位置となる。一方、左方向へは常に一定の電流が流れるようになる。

　図 2.48 は、伝送線路の近端（ドライバ側）と遠端（レシーバ側）における誘導性結合クロストークノイズの様子である。近端では線路①の遷移点から左方向に流れる誘導性結合電流が次々に流れ込んでくるので、一定の電流が流れつづけることになる。電流が流れる期間は、信号が伝送線路を進行する時間 τ に相当する。一方、線路①の遷移点から右方向に流れる電流は、次々に加算されて進むので、最終的に信号が伝送線路を進行する時間 τ だけ遅れて遠端に現れる。ここで、信号の進行方向（右方向）に進む電流の向きは容量性結合とは逆であることに注意す

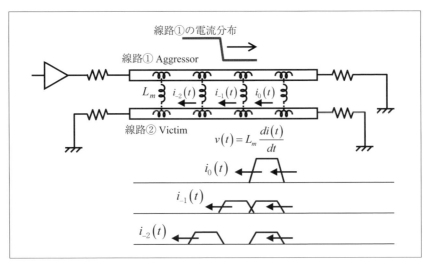

〔図 2.47〕誘導性結合によるクロストーク電流

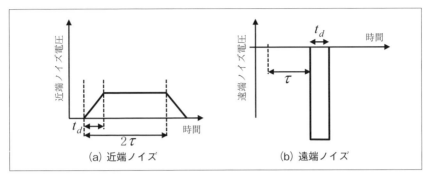

〔図2.48〕誘導性結合による近端及び遠端のクロストークノイズ

べきである。

　以上述べたように、伝送線路①を進む信号の後方（左後方）に進む電流は、容量性結合と誘導性結合とが足し合わされるので、一定の電流が流れ続ける。これが近端クロストーク（Near-end Crosstalk、Near-End XTalk：NEXT）である。これに対し、前方（右方向）に進む電流は、容量性結合と誘導性結合成分が逆であるので打ち消されてしまう。一方、マイクロストリップラインのように伝送線路が基板材料と空気に挟まれた線路の場合は、誘導性結合が変わらないのに対して、容量性結合は空気の比誘電率が基板より小さいことから、誘導性と容量性結合の電流は打ち消されずに、遠端クロストーク（Far-end Crosstalk、Far-End XTalk：FEXT）となって現れる（図2.49）。

　尚、クロストークは、線路を伝搬する波形の遷移点からみて、進行方向に伝わるのか、後方に伝わるのかという点で区別される。この定義によって、バックワードクロストーク（Backward Crosstalk、Backward XTalk）、フォワードクロストーク（Forward Crosstalk、Forward XTalk）と呼ばれる。

　尚、トータルの近端クロストークノイズ電圧 v_N は、信号源のステップ電圧 E、近端漏話係数 K_b を用いて、$v_N = K_b \times E/2$ で求めることができる。近端漏話係数 K_b は、伝送線路の単位長さあたりの自己インダクタンス L、自己容量 C、相互インダクタンス L_m、結合容量 C_m、とすれば、近似的に

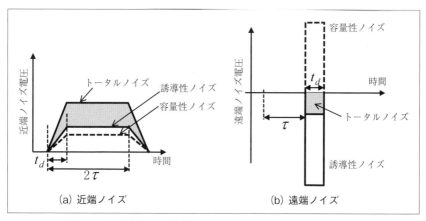

〔図 2.49〕近端及び遠端のトータルクロストークノイズ

$$K_b = \frac{1}{4}\left(\frac{L_m}{L} + \frac{C_m}{C}\right) \text{ [S/m]} \quad \cdots\cdots\cdots\cdots\cdots\cdots\cdots \text{ (2-105)}$$

と表せる [6]。

　また、トータルの遠端クロストークノイズ電圧 v_F は、同様に信号源ステップ電圧 E、遠端漏話係数 K_f を用いて、$v_F = K_f \times E/2$ で求めることができる。遠端漏話係数 K_f は近似的に

$$K_f = -\frac{\sqrt{LC}}{2}\left(\frac{L_m}{L} - \frac{C_m}{C}\right) \text{ [S/m]} \quad \cdots\cdots\cdots\cdots\cdots\cdots \text{ (2-106)}$$

で計算できる [6]。近似式から、相互 / 自己インダクタンス比 L_m/L が、結合 / 自己容量比 C_m/C と等しければ、容量性と誘導性の結合要因が互いに打ち消しあって、遠端クロストークノイズが生じないことがわかる。

2−11−1　結合した伝送線路の伝送モード

　次に、図 2.50 に示したような 2 本の信号線が GND プレーン上に誘電体をはさんで、平行に配置されている場合を考える。この時、伝送線路の伝搬モードには、同図（a）に示した信号線が同電位である偶モード（even mode）と、同図（b）に示した信号線が逆電位になる奇モード（odd mode）の、2 つのモードが存在する。

図 2.50（a）の偶モードでは、完全に同じ信号が両方の線路に印加された場合であり、2 本の信号線路間には、電位差及び、その時間変化 dv/dt が存在しないので、容量性結合電流も生じない。また、それぞれの線路の電流の時間変化 di/dt も同じであるので、1 本の線路の誘導性結合は、もう一方の誘導性結合電流と等しい。同図（b）の例では、電圧変化が正反対の信号がそれぞれの線路に印加された場合である。電気力線は、同図（b）に示したように＋極性の線路から－極性の線路に向かっている。この場合、互いの線路の信号が、各々相手の線路に逆の振幅を持つ遠端ノイズを引き起こす。

　マイクロストリップ線路では、平行して配置された伝送線路が互いに影響し、また線路間の間隔が狭くなるほど、その影響が大きくなる。図 2.51 に示した平行に配置された伝送線路の配線幅 W、間隔 S の場合に、配線間隔を線路幅で規格化したパラメータ S/W で、特性インピーダンスと実効比誘電率の変化をシミュレーションした結果を図 2.52 に示し

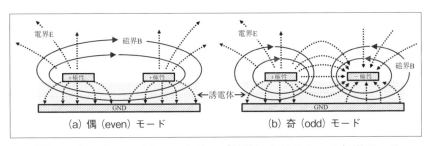

〔図 2.50〕2 本のマイクロストリップ線路における 2 つの伝送モード

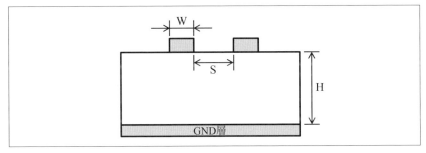

〔図 2.51〕並行に配置されたマイクロストリップ線路

た。ここで、W/H は 1.65 で一定としている。

　この結果から、配線間隔が狭くなると、偶モードと奇モードの特性インピーダンスの差が大きくなり、また実効比誘電率も変化するので、伝送線路を伝搬する信号の速度差も大きくなることがわかる。

　最後に、図 2.53 を用いてクロストークの全体像を示しておく。観測点による分類では、近端クロストーク（NEXT）及び、遠端クロストーク（FEXT）があり、誘導される方向性による分類で、バックワードクロストーク及び、フォワードクロストークがある。図 2.53 の上段の例では、第 1 線路がドライバで駆動され、第 2 線路が静止ドライバに接続されており、ドライバから見た信号の進行方向の遠端の第 2 線路で観測されるクロストークであるので、「フォワード遠端クロストーク」と定義される。一方、同図の下段では、第 1 線路が駆動されることは同一であるが、第 2 線路に現れるクロストークは、遠端で発生したクロストークが第 1 線路の信号方向とは逆方向に伝搬して第 1 線路のドライバの近端で観測されるクロストークであるので、「バックワード近端クロストーク」と定義される。

　クロストークは、配線密度（ラインピッチ及び、ライン間隔が狭いほど大きい）、平行配線長（配線長が長いほど大きい）、立ち上がり/立下り時間（出力信号の遷移時間が短いほど大きい）、終端条件（整合が取れ

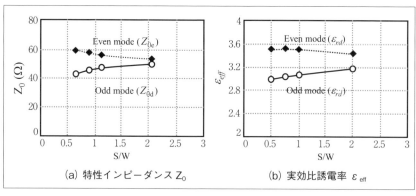

(a) 特性インピーダンス Z_0　　　　(b) 実効比誘電率 ε_{eff}

〔図 2.52〕マイクロストリップ線路の特性インピーダンスと実効比誘電率の変化

ていない場合には、入出力抵抗に依存する）、駆動条件（隣接する配線を同時に駆動するドライバの数が大きいほど大きい）、駆動方向（バックワード/フォワードにより強度や時間が異なる）などの条件で変わるために、クロストーク発生を設計段階から見積もっておくことが重要である。

2−11−2　結合した伝送線路の電信方程式と、その解法

　このようなクロストークを定量的に見積もるために、結合した無損失の伝送線路を仮定した電信方程式の解析に関して述べておく。図2.54は、単位長さあたりの対地容量 C 及び、自己インダクタンス L の２本の伝送線路が、相互容量 C_m、相互インダクタンス L_m で結合した場合の区間 Δx の等価回路である [10]。

　微小区間 Δx における、線路①の電位差 Δv_1 と、線路②の電位差 Δv_2 は、

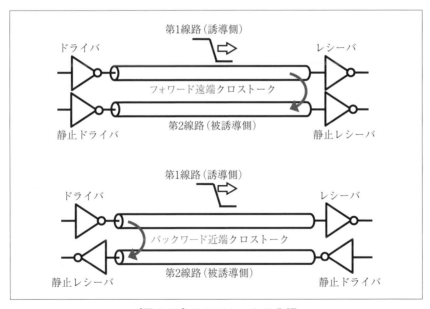

〔図2.53〕クロストークの分類

$$\begin{cases} -\Delta v_1 = v_1\left(x\right) - v_1\left(x+\Delta x\right) = L\Delta x\dfrac{di_1}{dt} + L_m\Delta x\dfrac{di_2}{dt} \\ -\Delta v_2 = v_2\left(x\right) - v_2\left(x+\Delta x\right) = L\Delta x\dfrac{di_2}{dt} + L_m\Delta x\dfrac{di_1}{dt} \end{cases} \quad \cdots \quad (2\text{-}107)$$

で与えられる。一方、区間の電流差 Δi_1、Δi_2 は、

$$\begin{cases} -\Delta i_1 = C_S\Delta x\dfrac{dv_1}{dt} + C_m\Delta x\dfrac{d\left(v_1-v_2\right)}{dt} = \left(C_S+C_m\right)\Delta x\dfrac{dv_1}{dt} - C_m\Delta x\dfrac{dv_2}{dt} \\ -\Delta i_2 = C_S\Delta x\dfrac{dv_2}{dt} + C_m\Delta x\dfrac{d\left(v_2-v_1\right)}{dt} = \left(C_S+C_m\right)\Delta x\dfrac{dv_2}{dt} - C_m\Delta x\dfrac{dv_1}{dt} \end{cases}$$
$$\cdots \ (2\text{-}108)$$

Δx の極限から、この系の電圧と電流の関係式をマトリクス表示する。まず、インダクタンスに関係する 2 つの式は、

$$\frac{\partial}{\partial x}\begin{pmatrix} v_1 \\ v_2 \end{pmatrix} = -\begin{pmatrix} L & L_m \\ L_m & L \end{pmatrix}\frac{\partial}{\partial t}\begin{pmatrix} i_1 \\ i_2 \end{pmatrix} \quad \cdots\cdots\cdots\cdots\cdots\cdots\cdots \quad (2\text{-}109)$$

と表すことができ、次に、キャパシタンスに関係する 2 つの式をマトリクス表示すると、

$$\frac{\partial}{\partial x}\begin{pmatrix} i_1 \\ i_2 \end{pmatrix} = -\begin{pmatrix} C_S+C_m & -C_m \\ -C_m & C_S+C_m \end{pmatrix}\frac{\partial}{\partial t}\begin{pmatrix} v_1 \\ v_2 \end{pmatrix} \quad \cdots\cdots\cdots\cdots \quad (2\text{-}110)$$

となる。これらの式を時間に関してラプラス変換し、電圧だけの式に変形する。

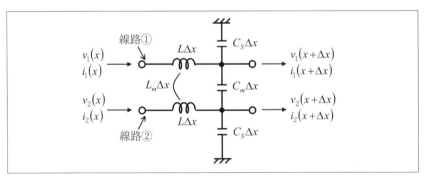

〔図 2.54〕結合した無損失伝送線路の区間 Δx の等価回路

$$\frac{d^2}{dx^2}\begin{pmatrix} V_1 \\ V_2 \end{pmatrix} = s^2 \begin{pmatrix} L & L_m \\ L_m & L \end{pmatrix}\begin{pmatrix} C_S+C_m & -C_m \\ -C_m & C_S+C_m \end{pmatrix}\begin{pmatrix} V_1 \\ V_2 \end{pmatrix} \quad \cdots\cdots \text{ (2-111)}$$

ここで、

$$u^2 = \frac{1}{L\left(C_S+C_m\right)-L_m C_m}, \quad \zeta = \frac{\dfrac{L_m}{L}-\dfrac{C_m}{\left(C_S+C_m\right)}}{1-\dfrac{L_m C_m}{L\left(C_S+C_m\right)}}$$

とおけば、

$$\frac{d^2}{dx^2}\begin{pmatrix} V_1 \\ V_2 \end{pmatrix} - \frac{s^2}{u^2}\begin{pmatrix} 1 & \zeta \\ \zeta & 1 \end{pmatrix}\begin{pmatrix} V_1 \\ V_2 \end{pmatrix} = 0 \quad \cdots\cdots\cdots\cdots\cdots\cdots\cdots \text{ (2-112)}$$

が得られる。この連立方程式から V_2 を消去すると、下記のような V_1 に関する 4 階の線形微分方程式が得られる。

$$\frac{d^4 V_1}{dx^4} - 2\left(\frac{s}{u}\right)^2 \frac{d^2 V_1}{dx^2} + \left(\frac{s}{u}\right)^4 \left(1-\zeta^2\right)V_1 = 0 \quad \cdots\cdots\cdots\cdots \text{ (2-113)}$$

単独線路の場合の電信方程式の解を求めた場合と同様に、$e^{\pm Dx}$ の解を持つと仮定し、係数を D の関数で表すと、

$$\varphi(D) = D^4 - 2\left(\frac{s}{u}\right)^2 D^2 + \left(\frac{s}{u}\right)^4 \left(1-\zeta^2\right) \quad \cdots\cdots\cdots\cdots \text{ (2-114)}$$

$\varphi(D)$ の根は、4 次方程式の解であり、

$$\varphi(D) = 0 \to D = \pm\frac{s}{u}\sqrt{1\pm\zeta} \quad \cdots\cdots\cdots\cdots\cdots\cdots\cdots \text{ (2-115)}$$

ここで、

$$u_C = \frac{1}{\sqrt{\left(L+L_m\right)\left(C-C_m\right)}}, \quad u_D = \frac{1}{\sqrt{\left(L-L_m\right)\left(C+C_m\right)}} \text{ (2-116)}$$

とすると、$\varphi(D)$ の根は、

$$D = \pm\frac{s}{u_C}, \pm\frac{s}{u_D} \quad \cdots\cdots\cdots\cdots\cdots\cdots\cdots\cdots\cdots\cdots \text{ (2-117)}$$

と変形できるので、電圧 V_1 は、

$$V_1(s) = A_1(s)e^{-\frac{x}{u_C}s} + A_2(s)e^{\frac{x}{u_C}s} + A_3(s)e^{-\frac{x}{u_D}s} + A_4(s)e^{\frac{x}{u_D}s} \quad \text{(2-118)}$$

電圧 V_2 は、

$$V_2(s) = \frac{1}{\zeta}\left(\frac{u^2}{s^2}\frac{d^2V_1}{dx^2} - V_1\right) = A_1(s)e^{-\frac{x}{u_C}s} + A_2(s)e^{\frac{x}{u_C}s} - A_3(s)e^{-\frac{x}{u_D}s} - A_4(s)e^{\frac{x}{u_D}s}$$

$$\cdots \text{ (2-119)}$$

電流に関しても同様に求めることができ、

$$I_1(s) = \frac{A_1(s)}{Z_C}e^{-\frac{x}{u_C}s} - \frac{A_2(s)}{Z_C}e^{\frac{x}{u_C}s} + \frac{A_3(s)}{Z_D}e^{-\frac{x}{u_D}s} - \frac{A_4(s)}{Z_D}e^{\frac{x}{u_D}s} \quad \text{(2-120)}$$

$$I_2(s) = \frac{A_1(s)}{Z_C}e^{-\frac{x}{u_C}s} - \frac{A_2(s)}{Z_C}e^{\frac{x}{u_C}s} - \frac{A_3(s)}{Z_D}e^{-\frac{x}{u_D}s} + \frac{A_4(s)}{Z_D}e^{\frac{x}{u_D}s} \quad \text{(2-121)}$$

ここで、A_1 は、同相モード右進行波、A_2 は、同相モード左進行波、A_3 は、差動モード右進行波、A_4 は、差動モード左進行波、の振幅を表している。$e^{-(x/u_C)s}$ は、時間関数 $f(t)$ に関して、$f(t-x/u_C)$ の演算を施すことを意味しており、x/u_C は、距離 x を u_C の速度で進む際の時間を表すので、x 方向に進む波形である。また、コモン（同相）モードのインピーダンスは、

$$Z_C = \sqrt{\frac{L+L_m}{C-C_m}} \quad \cdots\cdots\cdots\cdots\cdots\cdots\cdots\cdots \text{ (2-122)}$$

ディファレンシャル（差動）モードのインピーダンスは、

$$Z_D = \sqrt{\frac{L-L_m}{C+C_m}} \quad \cdots\cdots\cdots\cdots\cdots\cdots\cdots\cdots \text{ (2-123)}$$

と求められる。これらの式から、(2-105) 及び (2-106) 式で示した遠端及び近端のクロストークノイズを定量的に導出することができる。詳細は、文献 [6][10] などを参照されたい。

2－12　演習問題

設問2－1

（a）2.4 GHz の信号に対して、分布定数回路として考えないといけなくなるのは伝送線路または、回路がどれくらいの大きさ（長さ）のときか求めよ。ここで伝送線を構成している誘電体の比誘電率は $\varepsilon_r = 4.4$、比透磁率 $\mu_r = 1$ とする。

（b）音声信号（〜20 kHz）に対して、何メートルの電線が分布定数回路となるかを示せ。

設問2－2

信号の立ち上がり時間が 50 psec のとき、送信端から受信端までの線路長が 1 cm の場合は、この線路を集中定数または分布定数のどちらで扱うべきかを考えよ。ただし、線路の伝搬遅延を 5 nsec/m とする。

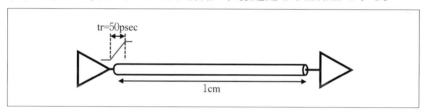

〔問図 2.2〕線路長 1cm の伝送線路にパルス信号が入力された場合

設問2－3

信号の立ち上がり時間が 50 psec のとき、送信端から受信端までの線路長が ℓ cm の場合に、集中定数回路と分布定数回路の境界となる線路長を求めよ。ただし、線路の伝搬遅延は、5 nsec/m とする。

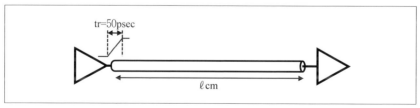

〔問図 2.3〕線路長 ℓ cm の伝送線路にパルス信号が入力された場合

設問 2－4

　線路定数が $R=0.1$ Ω/cm、$L=2$ nH/cm、$C=0.8$ pF/cm、$G=0.0$ S/cm である伝送線路の周波数 $f=100$ MHz における、特性インピーダンス Z_0 及び伝搬定数 γ を求めよ

設問 2－5

　無損失線路の特性インピーダンスが 75 (Ω)、伝搬速度が 2.0×10^8(m/s) であるとき、この伝送線路の単位長当りの容量、インダクタンスを求めよ。

設問 2－6

　平行平板線路における信号の伝搬速度 u_0 を求めよ。尚、真空中の透磁率 $\mu_0=4\pi \times 10^{-7}$(H/m)、比透磁率 $\mu_r=1$、真空中の誘電率 $\varepsilon_0=8.854 \times 10^{-12}$(F/m)、比誘電率 $\varepsilon_r=4.4$、光速度 $c_0=3 \times 10^8$(m/s) とする。

設問 2－7

　配線幅 $W=1$ mm、絶縁物の高さ $h=0.2$ mm、比誘電率 $\varepsilon_r=4$ の場合の、次の伝送線の特性インピーダンスを求めよ。①平行平板伝送線路、②マイクロストリップ線路（Hammerstad の近似式を用いる）尚、$\mu_0=4\pi \times 10^{-7}$(H/m)、$\mu_r=1$、$\varepsilon_0=8.854 \times 10^{-12}$(F/m) とする。

設問 2－8

　式 (2-63)、式 (2-65) を導出せよ。

設問 2－9

　反射は分布定数線路上のどんなところで起こるか。伝送線路に分岐点がある場合の、信号の振る舞いに関して述べよ。

設問 2－10

　信号源の振幅が 2 V、出力インピーダンス $r_0=75$ Ω、無損失伝送線路

のインピーダンス $Z_0=50$ Ω、線路長 ℓ の遅延時間が $t_d=250$ psec、負荷抵抗は開放（∞）の場合について、1 nsec までのラティスダイアグラムを作成せよ。また、送信端と受信端の電位変化の様子も示せ。尚、まず、入射分圧と、伝送線路端の反射係数を示すこと。

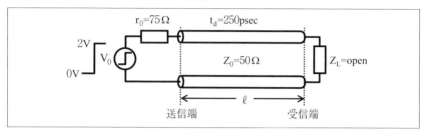

〔問図 2.10〕終端開放された無損失伝送線路（1）

設問 2 − 11

　信号源の振幅が 2 V、出力インピーダンス $r_0=25$ Ω、無損失伝送線路のインピーダンス $Z_0=50$ Ω、線路長 ℓ の遅延時間が $t_d=250$ psec、負荷抵抗は開放（∞）の場合について、1 nsec までのラティスダイアグラムを作成せよ。また、送信端と受信端の電位変化の様子も示せ。尚、入射分圧と、伝送線路端の反射係数を示すこと。

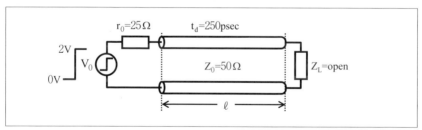

〔問図 2.11〕終端開放された無損失伝送線路（2）

設問 2 − 12

　プリント基板上に Al 配線で形成された伝送線路がある。この伝送線路を周波数 30 GHz で使う場合の①直流抵抗、②表皮深さおよび、③高周波抵抗を求めよ。ただし、パターン幅 $W=10$ μm、厚み $t=35$ μm、

パターン長 1400 μm、Al の体積導電率 σ =4×10^7 [S/m]、透磁率 μ =μ_0=4π × 10^{-7}[H/m] とする。④この伝送線路において、表皮効果による導体損失を求める場合に考慮しなければならない現象について述べよ。

設問 2 － 13

　下記の寸法のマイクロストリップ配線について、高周波域の信号損失要因である導体損失、誘電損失と総合損失を 1 MHz 及び、10 GHz の場合について計算せよ。

　信号配線幅 100 μm、厚さ 35 μm、配線長 30 cm の Cu 導体で、Cu の導電率は σ=5.8×10^7 [S/m] とする。また誘電体は比誘電率 4.4、tanδ=0.017 とする。

　なお、リターン電流による導体損失はマイクロストリップ線路を想定し、GND 面側に電流が集中するとし、リターン経路でも同等の損失が生じると仮定せよ。つまり全体では抵抗を 2 倍して計算せよ。尚、配線の無損失のインピーダンス Z_0 は 50 Ω とする

設問 2 － 14

　金属表面が粗い材質で形成された伝送線路に、高周波信号を通す配線を設計する際に、注意すべき点を述べよ。また、マイクロストリップ線路で導体損を計算する際に、配線の高周波抵抗から求められる損失を 2 倍にする理由を述べよ。

設問 2 － 15

　線路定数が L=250[nH/m]、C=100[pF/m] の長さ L=25[cm] の無損失伝送線路があり、その線路を立ち上がり時間 t_r=1[ns] のパルスが伝搬している。伝送線路を L 型多段集中定数回路でモデル化するとき、1 段当りを立ち上がり時間の 1/10 として、必要最小な段数 N と 1 段当りの等価回路を書け。

設問 2 － 16
　互いに近接して並走する伝送線路間に高速な信号を印加した際に発生するクロストークとは何かを述べよ。さらに、近端と遠端で発生するクロストークの違いと、遠端クロストークについて、イブンモード、オッドモードとの関係を述べよ。

設問 2 － 17
　式（2-111）を導出せよ

2-13　演習問題の解答

設問2-1：解答

(a) 伝搬速度は、

$$u = \frac{c}{\sqrt{\varepsilon_r \mu_r}} = \frac{3 \times 10^8}{2.098} = 1.43 \times 10^8 \, (\text{m/sec})$$

波長は、

$$\lambda = \frac{u}{f} = \frac{1.43 \times 10^8}{2.4 \times 10^9} = 0.06(\text{m}) = 6(\text{cm})$$

であるので、6 cm となる。

(b) 波長は、

$$\lambda = \frac{u}{f} = \frac{1.43 \times 10^8}{20 \times 10^3} = 7150(\text{m})$$

設問2-2：解答

送信端から受信端を信号が往復する時間は、t_d=5 nsec/m×0.01(m)×2=100 psec であり、立ち上がり時間 t_r は 50 psec で、$t_d \geqq t_r$ なので、分布定数と考えるのが妥当。

設問2-3：解答

送信端から受信端を信号が往復する時間は、t_d=5 nsec/m× ℓ /100(m)× 2=100× ℓ psec であるので、集中定数回路と分布定数回路の境界となる線路長は、100× ℓ (psec)=50 (psec) より、ℓ =0.5 cm と求められる。

設問2－4：解答

$$Z_0 = \sqrt{\frac{R + j\omega L}{G + j\omega C}} = \sqrt{\frac{L}{C} - j\frac{R}{\omega C}} = \sqrt{2.5 \times 10^3 - j1.99 \times 10^2}$$

$$= \sqrt{\left(2.507 \times 10^3\right) \cdot e^{-j0.0794}} = 50.07 \times e^{-j0.0397}$$

$$= 50.03 - j1.99\left(\Omega\right)$$

$$\gamma = \sqrt{\left(R + j\omega L\right)\left(G + j\omega C\right)} = \sqrt{-\omega^2 LC + j\omega CR}$$

$$= \sqrt{-6.31 \times 10^{-4} + j5.026 \times 10^{-5}}$$

$$= \sqrt{\left(6.33 \times 10^{-4}\right) \cdot e^{-j0.0795}} = \left(2.51 \times 10^{-2}\right) \cdot e^{-j0.0397}$$

$$= 2.508 \times 10^{-2} - j9.96 \times 10^{-4}\left(\Omega\right)$$

設問2－5：解答

$$u_0 = \frac{1}{\sqrt{LC}} = 2 \times 10^8 \text{(m/s)}, \quad Z = \sqrt{\frac{L}{C}} = 75\left(\Omega\right)$$

$$u_0 Z = \frac{1}{C} = 150 \times 10^8 \rightarrow C = 67\left(\text{pF}\right)$$

$$L = Z^2 C = \left(75\right)^2 \times 67 \times 10^{-12} = 377\left(\text{nH}\right)$$

設問2－6：解答

$$u_0 = \frac{1}{\sqrt{LC}} = \frac{1}{\sqrt{\varepsilon\mu}} = \frac{1}{\sqrt{8.854 \times 10^{-12} \times 4.4 \times 1 \times 4\pi \times 10^{-7}}}$$

$$= \frac{c_0}{\sqrt{\varepsilon_r \mu_r}} = \frac{3 \times 10^8}{\sqrt{4.4 \times 1}} = 1.43 \times 10^8 \text{(m/s)}$$

設問2－7：解答

$$\varepsilon = \varepsilon_0 \varepsilon_r = 8.854 \times 10^{-12} \times 4 = 3.542 \times 10^{-11} \text{(F/m)},$$

$$\mu = \mu_0 \mu_r = 4\pi \times 10^{-7} \text{(H/m)}$$

$$h/W = 0.2, \quad \left(W/h = 5\right)$$

であるので、

①平行平板線路の場合

$$Z_0 = \sqrt{\frac{L}{C}} = \sqrt{\frac{\mu}{\varepsilon}}\frac{h}{W} = 188.3 \times 0.2 = 37.7(\Omega)$$

②マイクロストリップ線路の場合

$$\varepsilon_{eff} = \frac{\varepsilon_r + 1}{2} + \frac{\varepsilon_r - 1}{2} \times \frac{1}{\sqrt{1 + \frac{12h}{W}}} = \varepsilon_{eff} = \frac{4+1}{2} + \frac{4-1}{2} \times \frac{1}{\sqrt{1 + \frac{12 \times 0.2}{1}}} = 3.31$$

$$Z_0 = \frac{120\pi}{\sqrt{\varepsilon_{eff}}} \Bigg/ \left[\frac{W}{h} + 1.393 + \frac{2}{3}\ln\left(\frac{W}{h} + 1.444\right) \right]$$

$$= \frac{120 \times 3.14}{2} \Bigg/ \left[5 + 1.393 + \frac{2}{3}\ln(6.444) \right] = 24.67$$

設問2－8：解答

$$Z_{in} = \frac{V(x')}{I(x')} = \frac{V_i\left(e^{j\beta x'} + \Gamma_0 e^{-j\beta x'}\right)}{V_i\left(e^{j\beta x'} - \Gamma_0 e^{-j\beta x'}\right)}Z_0$$

$$= \frac{e^{j\beta x'} + \Gamma_0 e^{-j\beta x'}}{e^{j\beta x'} - \Gamma_0 e^{-j\beta x'}}Z_0 = \frac{e^{j\beta x'} + \frac{Z_L - Z_0}{Z_L + Z_0}e^{-j\beta x'}}{e^{j\beta x'} - \frac{Z_L - Z_0}{Z_L + Z_0}e^{-j\beta x'}}Z_0$$

$$= Z_0\frac{(Z_L + Z_0)e^{j\beta x'} + (Z_L - Z_0)e^{-j\beta x'}}{(Z_L + Z_0)e^{j\beta x'} - (Z_L - Z_0)e^{-j\beta x'}}$$

$$= Z_0\frac{(Z_L + Z_0)(\cos\beta x' + j\sin\beta x') + (Z_L - Z_0)(\cos\beta x' - j\sin\beta x')}{(Z_L + Z_0)(\cos\beta x' + j\sin\beta x') - (Z_L - Z_0)(\cos\beta x' - j\sin\beta x')}$$

$$= Z_0\frac{Z_L \cdot 2\cos\beta x' + Z_0 \cdot 2j\sin\beta x'}{Z_L \cdot 2j\sin\beta x' + Z_0 \cdot 2\cos\beta x'} = Z_0\frac{Z_L\cos\beta x' + jZ_0\sin\beta x'}{Z_0\cos\beta x' + jZ_L\sin\beta x'}$$

$$= Z_0\frac{Z_L + jZ_0\tan\beta x'}{Z_0 + jZ_L\tan\beta x'}$$

$$V\left(x'\right)=V_i\left(e^{j\beta x'}+\Gamma_0 e^{-j\beta x'}\right)=V_i\left(e^{j\beta x'}+\frac{Z_L-Z_0}{Z_L+Z_0}e^{-j\beta x'}\right)$$

$$=V_i\left[\cos\beta x'+j\sin\beta x'+\frac{Z_L-Z_0}{Z_L+Z_0}\left(\cos\beta x'-j\sin\beta x'\right)\right]$$

$$\rightarrow V_i\left[\cos\beta x'+j\sin\beta x'-\left(\cos\beta x'-j\sin\beta x'\right)\right]=2jV_i\sin\beta x'$$

$$I\left(x'\right)=\frac{V_i}{Z_0}\left(e^{j\beta x'}-\Gamma_0 e^{-j\beta x'}\right)=\frac{V_i}{Z_0}\left(e^{j\beta x'}-\frac{Z_L-Z_0}{Z_L+Z_0}e^{-j\beta x'}\right)$$

$$=\frac{V_i}{Z_0}\left[\cos\beta x'+j\sin\beta x'-\frac{Z_L-Z_0}{Z_L+Z_0}\left(\cos\beta x'-j\sin\beta x'\right)\right]$$

$$\rightarrow \frac{V_i}{Z_0}\left[\cos\beta x'+j\sin\beta x'+\left(\cos\beta x'-j\sin\beta x'\right)\right]=2\frac{V_i}{Z_0}\cos\beta x'$$

$$Z_{in}=\frac{V\left(x'\right)}{I\left(x'\right)}=\frac{V_i\left(e^{j\beta x'}+\Gamma_0 e^{-j\beta x'}\right)}{V_i\left(e^{j\beta x'}-\Gamma_0 e^{-j\beta x'}\right)}Z_0=\frac{e^{j\beta x'}+\Gamma_0 e^{-j\beta x'}}{e^{j\beta x'}-\Gamma_0 e^{-j\beta x'}}Z_0$$

$$=Z_0\frac{\left(Z_L+Z_0\right)e^{j\beta x'}+\left(Z_L-Z_0\right)e^{-j\beta x'}}{\left(Z_L+Z_0\right)e^{j\beta x'}-\left(Z_L-Z_0\right)e^{-j\beta x'}}=Z_0\frac{Z_L+jZ_0\tan\beta x'}{Z_0+jZ_L\tan\beta x'}\rightarrow jZ_0\tan\beta x'$$

設問２－９：解答

　伝送線路の途中で特性インピーダンスが異なる場合や、伝送線路の特性インピーダンスが、終端インピーダンスと異なる場合の、いずれも信号の反射が起きる。

　伝送線路の途中で特性インピーダンスが異なっている、いわゆる不連続部では、進行波の一部はそのまま進む透過が発生し、残りは反射する。伝送線路が分岐している場合は、信号の透過（分配）は、キルヒホッフ則に従う。すなわち、分岐した２つの線路の透過電圧は同じで、線路の透過電流は、特性インピーダンスの逆数の比率で分配される。

設問２－10：解答

　伝送線路を伝搬する入射分圧 V_i は、

$$V_i = \frac{Z_0}{r_0 + Z_0}V_0 = \frac{50}{75+50} \times 2 = 0.8[\mathrm{V}]$$

送信端の反射係数は、

$$\Gamma_S = \frac{r_0 - Z_0}{r_0 + Z_0} = \frac{75-50}{75+50} = +0.2$$

受信端の反射係数は、

$$\Gamma_L = \frac{Z_L - Z_0}{Z_L + Z_0} = \frac{\infty - 50}{\infty + 50} = +1.0$$

であるので、

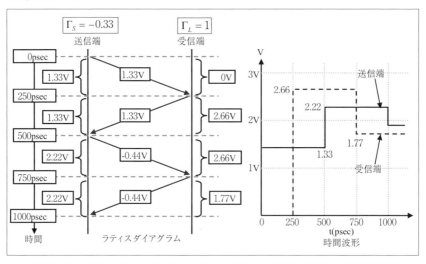

設問 2-10 の解：ラティスダイアグラム及び、送受信端電圧の時間波形

設問2－11：解答

伝送線路を伝搬する入射分圧 V_i は、

$$V_i = \frac{Z_0}{r_0 + Z_0}V_0 = \frac{50}{25+50} \times 2 = 1.33[\mathrm{V}]$$

送信端の反射係数は、

$$\Gamma_S = \frac{r_0 - Z_0}{r_0 + Z_0} = \frac{25-50}{25+50} = -0.33$$

受信端の反射係数は、

$$\Gamma_L = \frac{Z_L - Z_0}{Z_L + Z_0} = \frac{\infty - 50}{\infty + 50} = +1.0$$

であるので、

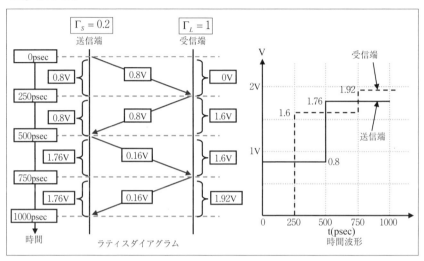

設問 2-11 の解：ラティスダイアグラム及び、送受信端電圧の時間波形

設問 2－12：解答

直流抵抗は、

$$R_{DC} = \rho \frac{\ell}{Wt} = \frac{\ell}{\sigma Wt} = \frac{0.1}{5.8 \times 10^7 \times 200 \times 10^{-6} \times 16 \times 10^{-6}} = 0.54[\Omega]$$

表皮深さは、

$$\delta = \frac{1}{\sqrt{\pi \sigma \mu f}} = \frac{1}{\sqrt{3.14 \times 5.8 \times 10^7 \times 4 \times 3.14 \times 10^{-7} \times 100 \times 10^6}} = 6.6[\mu m]$$

高周波抵抗は、

$$R_{HF} = \frac{\rho \ell}{2\delta W} = \frac{\ell}{2\sigma \delta W} = \frac{0.1}{2 \times 5.8 \times 10^7 \times 200 \times 10^{-6} \times 6.6 \times 10^{-6}} = 0.65[\Omega]$$

設問 2 − 13：解答

　Cu 材質の線路なので $\mu=\mu_0=4\pi\times10^{-7}$、さらにリターン電流を考慮して、1 MHz の高周波抵抗 R_{HF} は、

$$R_{HF@1MHz}=\rho\frac{1}{W\delta}=\frac{\sqrt{\pi\mu\rho f}}{W}=\frac{\sqrt{\frac{\pi\times4\pi\times10^{-7}}{5.8\times10^7}1\times10^6}}{100\times10^{-6}}=2.61\left[\Omega/m\right]$$

10 GHz の高周波抵抗 R_{HF} は、

$$R_{HF@10GHz}=\frac{\sqrt{\frac{\pi\times4\pi\times10^{-7}}{5.8\times10^7}10\times10^9}}{100\times10^{-6}}=260.9\left[\Omega/m\right]$$

長さ ℓ の導体損失は、1 MHz では、

$$L_{c@1MHz}=-4.343\times\frac{R}{Z_0}\ell=-0.08686\times2.61\times0.3=-0.068\left[dB\right]$$

10 GHz では、

$$L_{c@1MHz}=-4.343\times\frac{R}{Z_0}\ell=-0.08686\times260.9\times0.3=-6.80\left[dB\right]$$

一方、$\tan\delta=0.017$、比誘電率 $\varepsilon_r=4.4$ なので、長さ ℓ の誘電損失は、1 MHz で、

$$Loss_{D@1MHz}=-9.09\times10^{-8}f\sqrt{\varepsilon_r}\times\tan\delta\times\ell=-9.72\times10^{-4}\left[dB\right]$$

10 GHz では、

$$Loss_{D@10GHz}=-9.09\times10^{-8}f\sqrt{\varepsilon_r}\times\tan\delta\times\ell=-9.72\left[dB\right]$$

従って、総合損失は、1 MHz の場合、

$$Loss=Loss_{C@1MHz}+Loss_{D@1MHz}=-0.068-9.72\times10^{-4}=-0.069\left[dB\right]$$

10 GHz の場合、

$$Loss=Loss_{C@10GHz}+Loss_{D@10GHz}=-6.8-9.72=-16.52\left[dB\right]$$

となる。

設問2−14：解答

　高周波信号が伝送線路の金属導体を伝搬する際には、表皮効果と呼ばれる導体表面に電流が集中する現象が発生し、導体の抵抗が高くなる。金属表面が粗い材質で形成された伝送線路では、電流が集中する導体表面を電流が流れることができないので、さらに抵抗が高くなることに留意すべきである。また、マイクロストリップ線路では、リターン電流が流れる経路でも同様に表皮効果がある。リターン電流が流れる経路の断面積は、伝送線路のそれとは異なるものの、ほぼ同じ形状として考えてよいので、配線の高周波抵抗から求められる損失を2倍にする近似が行われる。

設問2−15：解答

　N 分割した場合の遅延時間 Δt は、

$$\Delta t = \frac{1}{N} \times \frac{\ell}{u_0}$$

で計算できるので、集中定数回路として扱ってよい条件は、

$$\frac{\ell}{Nu_0} < \frac{t_r}{10}$$

となる。一方、伝送線路を伝わる伝搬速度は

$$u_0 = \frac{1}{\sqrt{LC}}$$

であるので、必要な段数 N は、

$$N > 10 \frac{\ell}{u_0 t_r} = 10 \times \frac{0.25(\mathrm{m})}{\sqrt{\dfrac{1}{250 \times 10^{-9} \times 100 \times 10^{-12}}} \times 1 \times 10^{-9}} = 12.5$$

と求められ、13段必要とわかる。従って、分割された1段当りの等価定数は、

$$L_0 = \frac{250 \times 10^{-9} \times 0.25}{13} = 4.8 \times 10^{-9} [\mathrm{H}]$$

$$C_0 = \frac{100 \times 10^{-12} \times 0.25}{13} = 1.9 \times 10^{-12} [\mathrm{F}]$$

となり、その等価回路図を下に示した。

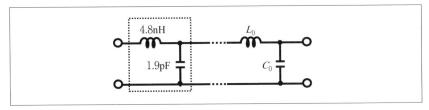

設問 2-15 の解：等価回路図

設問2－16：解答

　互いに近接して並走する伝送線路間で、各々の線路の電流電圧により発生した電界及び磁界が他方の線路に影響を及ぼすため。電界によるものは容量性、磁界によるものは誘導性のクロストークとなる。ドライバから最も離れた受信端近くの近接配線で発生するクロストークを遠端クロストークといい、ドライバ端に近い近接配線に発生するクロストークを近端クロストークと呼ぶ。クロストークは、オッドモードイブンモードで伝搬するが、配線構造がマイクロストリップ線路の場合は、オッドモードとイブンモードで伝搬速度が異なることから、遠端で容量性と誘導性のクロストークが打ち消しあわず発生するが、ストリップ線路では遠端クロストークは発生しない。

設問 2 − 17：解答

$$\frac{d}{dx}\begin{pmatrix} V_1 \\ V_2 \end{pmatrix} = -s\begin{pmatrix} L & L_m \\ L_m & L \end{pmatrix}\begin{pmatrix} I_1 \\ I_2 \end{pmatrix}, \quad \frac{d}{dx}\begin{pmatrix} I_1 \\ I_2 \end{pmatrix} = -s\begin{pmatrix} C_S + C_m & -C_m \\ -C_m & C_S + C_m \end{pmatrix}\begin{pmatrix} V_1 \\ V_2 \end{pmatrix}$$

$$\begin{pmatrix} I_1 \\ I_2 \end{pmatrix} = -\frac{1}{s}\begin{pmatrix} L & L_m \\ L_m & L \end{pmatrix}^{-1}\frac{d}{dx}\begin{pmatrix} V_1 \\ V_2 \end{pmatrix}$$

$$\frac{d}{dx}\left(-\frac{1}{s}\right)\begin{pmatrix} L & L_m \\ L_m & L \end{pmatrix}^{-1}\frac{d}{dx}\begin{pmatrix} V_1 \\ V_2 \end{pmatrix} = -s\begin{pmatrix} C_S + C_m & -C_m \\ -C_m & C_S + C_m \end{pmatrix}\begin{pmatrix} V_1 \\ V_2 \end{pmatrix}$$

$$\frac{d^2}{dx^2}\begin{pmatrix} V_1 \\ V_2 \end{pmatrix} = s^2\begin{pmatrix} L & L_m \\ L_m & L \end{pmatrix}\begin{pmatrix} C_S + C_m & -C_m \\ -C_m & C_S + C_m \end{pmatrix}\begin{pmatrix} V_1 \\ V_2 \end{pmatrix}$$

$$\frac{d^2}{dx^2}\begin{pmatrix} V_1 \\ V_2 \end{pmatrix} - s^2\begin{pmatrix} L(C_S + C_m) - L_m C_m & -L C_m + L_m(C_S + C_m) \\ -L C_m + L_m(C_S + C_m) & L(C_S + C_m) - L_m C_m \end{pmatrix}\begin{pmatrix} V_1 \\ V_2 \end{pmatrix} = 0$$

$$\frac{d^2}{dx^2}\begin{pmatrix} V_1 \\ V_2 \end{pmatrix} - \frac{s^2}{u^2}\begin{pmatrix} 1 & \zeta \\ \zeta & 1 \end{pmatrix}\begin{pmatrix} V_1 \\ V_2 \end{pmatrix} = 0$$

$$Q\, u^2 = \frac{1}{L(C_S + C_m) - L_m C_m},$$

$$\zeta = \frac{-L C_m + L_m(C_S + C_m)}{L(C_S + C_m) - L_m C_m} = \frac{\dfrac{L_m}{L} - \dfrac{C_m}{(C_S + C_m)}}{1 - \dfrac{L_m C_m}{L(C_S + C_m)}}$$

2 章の参考文献

[1] 金原粲 監修、「電気回路　改訂版」、実教出版、2016 年。

[2] 岩田真 著、「電磁気学」、森北出版、2020。

[3] 川西健次 著、「電磁気学」、コロナ社、1976。

[4] R. A. サーウェイ 著、松村博之 翻訳、「科学者と技術者のための物理学Ⅲ」、学術図書出版、2004。

[5] Erik O. Hammerstad, "Equations for Microstrip Circuit Design", 5th European Microwave Conference, 1975.

[6] エリック ボガティン 著、須藤俊夫 監訳、「高速デジタル信号の伝送技術シグナルインテグリティ入門」、丸善、2010。

[7] Terry Edwards and Michael Steer, "Foundations for MICROSTRIP CIRCUIT DESIGN Fourth Edition", IEEE PRESS WILEY.

[8] 鈴木茂夫 著、「ノイズ対策のための電磁気学再入門」、日刊工業新聞社。

[9] Masoud Koochakzadeh, and Abbas Abbaspour-Tamijani, "Miniaturized Transmission Lines Based on Hybrid Lattice-Ladder Topology", IEEE Transactions on Microwave Theory and Techniques, Vol. 58, No. 4, pp. 949-955, 2010.

[10] 碓井有三 著、「ボード設計者のための分布定数線路のすべて」、自費出版。

3章

回路の高周波特性評価・演習問題

３－１　高周波領域における二端子対回路網の課題

　電子機器は、多くの LSI や素子とそれらをつなぐ配線から構成されており、その特性を回路解析するのは困難な場合が多い。そこで、配線含む回路をブラックボックス化して、その入出力特性から回路の特性を導出する二端子対回路が考えられている。

　二端子対回路を表現する方法には、Z（インピーダンス）行列、Y（アドミタンス）行列、H（ハイブリッド）行列、F（伝送）行列などがある[1]。代表的な例として、回路に流れ込む電流 I_1、I_2 を独立変数とした Z 行列を式（3-1）に示した。Z 行列の行列要素は、回路の電流と電圧を関係づけるもので、入出力端子を開放した条件で電流及び電圧を測定することで、決定することができる。尚、二端子対パラメータは、線形かつ受動性である場合に適用可能であることに注意されたい。

$$\begin{pmatrix} V_1 \\ V_2 \end{pmatrix} = \begin{pmatrix} z_{11} & z_{12} \\ z_{21} & z_{22} \end{pmatrix} \begin{pmatrix} I_1 \\ I_2 \end{pmatrix} \quad\cdots\cdots\cdots\cdots\cdots\cdots\cdots\cdots\cdots\cdots\cdots \quad (3\text{-}1)$$

　以上述べた Z、Y、h、F パラメータの決定には、回路が開放または短絡された場合の電圧・電流が測定・評価できることが前提となっている。しかし、高周波領域では、電圧測定のためにプローブをパターンに接触させると、そのプローブのインダクタンス成分やキャパシタンス成分により回路構成が変化してしまったり、接触させなくても、パターン周囲の電磁界が乱れることにより、回路本来の特性が変化してしまったりするなど、電圧や電流の正確な測定は、ほとんど不可能であるので、電圧や電流に代わる別な量での測定・評価が必要である。

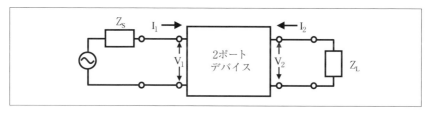

〔図 3.1〕二端子対回路網

3−2　S行列（Sパラメータ）

　高周波領域でも安定して正確に測定可能な量は電力である。従って、高周波領域での二端子対回路網であるS行列（Sパラメータ）は、電力を基に定義されている。Sパラメータとは、散乱パラメータ（Scattering Parameter）の略で、その概念は、入力信号を波と考え、回路の各端子対（ポート）から出入りする電力（波の大きさと位相）で、特性を規定したものである。つまり、「回路を取り囲む媒質中（主に伝送線路）に、どのような反射波・透過波が生じるか」によって、回路を記述するものである。これは、図3-2に示したようにレンズを透過、反射する光の振る舞いを電気信号に見立てるとわかりやすい。

　次に、高周波で動作する回路を図3-3の二端子対回路で表すことを考える。まず、回路の入力側（ポート1）に入射波 a_1 が入力され、回路の出力側（ポート2）から、入射波 a_2 が入力されたとする。このとき、ポート1には、ポート1から入射された波の反射波と、ポート2から入射された波の透過波の和 b_1 が現れ、ポート2には、ポート1から入射された波の透過波と、ポート2から入射された波の反射波の和 b_2 が現れる。

　従って、次の式が成立する。この行列式をS行列（scattering matrix）という。

$$\begin{pmatrix} b_1 \\ b_2 \end{pmatrix} = \begin{pmatrix} S_{11} & S_{12} \\ S_{21} & S_{22} \end{pmatrix} \begin{pmatrix} a_1 \\ a_2 \end{pmatrix} \quad \cdots\cdots\cdots\cdots\cdots\cdots\cdots\cdots\cdots\cdots \quad (3\text{-}2)$$

ここで、対角要素は、入射波振幅と反射波振幅の比を表す反射係数であ

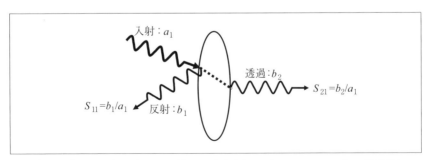

〔図3.2〕レンズを透過 / 反射する光を例にしたSパラメータの概念図

り、非対角要素は、入射波振幅と透過波振幅の比である透過係数である。各々の要素は、入力端子（ポート1）と出力端子（ポート2）を、それぞれ線路の特性インピーダンス Z_0 で整合終端し、回路の伝送、反射特性を測定して求めることができる。整合終端する理由は、入力側または出力側の入射波をゼロにするためである。尚、高周波で電力を伝える線路は、特性インピーダンス 50 Ω が一般的であることから、終端抵抗（基準抵抗ともいう）には 50 Ω が選択されることが多い。従って、S 行列の各要素は、(3-3) 式のように定義できる。

$$S_{11} = \left.\frac{b_1}{a_1}\right|_{a_2=0}, \quad S_{12} = \left.\frac{b_1}{a_2}\right|_{a_1=0}$$
$$S_{21} = \left.\frac{b_2}{a_1}\right|_{a_2=0}, \quad S_{22} = \left.\frac{b_2}{a_2}\right|_{a_1=0} \quad \cdots\cdots\cdots\cdots\cdots\cdots\cdots\cdots\cdots\cdots \quad (3\text{-}3)$$

S_{11} は、出力側（ポート2）を特性インピーダンス Z_0 で終端したときの a_1 に対する b_1 の比で、リターンロス（反射損失）または入力反射係数と呼ばれる。S_{21} は、ポート2を Z_0 で終端したときの a_1 に対する b_2 の比で、インサーションロス（挿入損失）または伝送特性・透過係数と呼ばれる。S_{12} は、入力側（ポート1）を Z_0 で終端したときの a_2 に対する b_1 の比で、入出力アイソレーション、または逆方向透過係数と呼ばれる。S_{22} は、ポート1を Z_0 で終端したときの a_2 に対する b_2 の比で、出力リターンロ

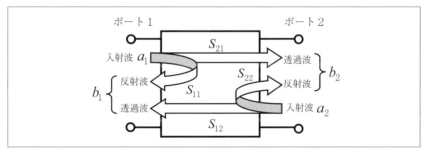

〔図3.3〕高周波における入射波と反射、透過波

ス、または出力反射係数と呼ばれる。

　尚、一般的には、Sパラメータは複素数で、振幅（絶対値）と位相で表わされる。よく用いられる指標であるSパラメータは、その絶対値をデシベル表示（電力の平方根の比のdB表記）したものである。図3.4には、入力リターンロスS_{11}の周波数依存特性を2つの回路（回路Aと回路B）の例を記載している。リターンロスは、反射係数であるので、絶対値は±1の範囲の値であり、そのデジベル表示$20 \times \log_{10}(S_{11})$は、整合して無反射状態（$S_{11}$がゼロ）では、デシベル表示は$-\infty$、全反射（±1）ではゼロとなる。

　図3.4の例で反射量を求めてみると、回路Aの場合、3GHz付近のリターンロスは-50dBであるので、反射量は$10^{-50/20} = 10^{-2.5} = 0.003$となり、0.3%と殆ど反射が発生せず、整合が取れていると判断できる。一方で、7GHz以上の周波数領域のリターンロスは約-3dBで、反射量は$10^{-3/20} = 0.71$となり、70%も反射することが予想される。これに対し、回路Bでは、ほぼ周波数全域で-20dB以下で、反射量は10%以下に抑制できているとわかる。

　図3.5は、ポート1からポート2への透過係数S_{21}のデシベル値の周波数特性である。透過波は、周波数に対して単調減衰し、10GHzの場合

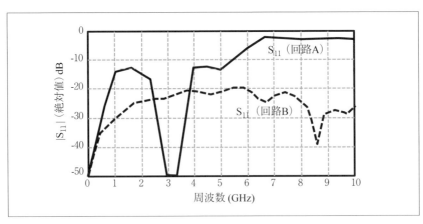

〔図3.4〕S_{11}の周波数特性

には、6 dB の減衰量（振幅が 1/2 になる）が発生していることがわかる。

Sパラメータの値と、反射及び等価信号の関係を、表3.1、表3.2に
まとめた。

尚、電力を考えた場合、入射及び反射電力とSパラメータの関係は、
図3.6のように表現できる。

ここで、$|a_i|^2$ は、回路に入る電力、$|b_i|^2$ は回路から出る電力を表して
いる。

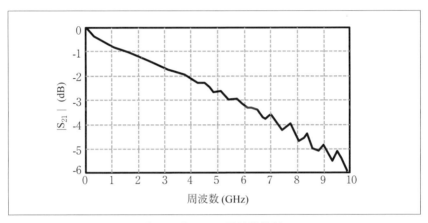

〔図 3.5〕 S_{21} の周波数特性

〔表 3.1〕 S_{11} と S_{22} の値と反射状況

$Z_{in}(\Omega)$	Γ	dB 値	信号の反射
∞	+1	0	2 ポート回路へ向かうすべての電圧振幅がそのまま反射する
Z_0	0	$-\infty$	インピーダンス整合（マッチング）されて、反射は発生しない
0	-1	0	2 ポート回路へ向かう電圧振幅が反転して反射される

〔表 3.2〕 S_{12} と S_{21} の値と透過波の状況

値	dB 値	透過信号
0	$-\infty$	信号が全く伝達されない
$0<S<+1$	－	入力信号が減衰する
+1	0	利得（ゲイン）=1 で信号が伝達される
$\geqq +1$	＋	入力信号が増幅される

$$\begin{bmatrix} |b_1|^2 \\ |b_2|^2 \end{bmatrix} = \begin{bmatrix} |s_{11}|^2 & |s_{12}|^2 \\ |s_{21}|^2 & |s_{22}|^2 \end{bmatrix} \begin{bmatrix} |a_1|^2 \\ |a_2|^2 \end{bmatrix}$$ ································ (3-4)

また、$|s_{11}|^2$ は、ポート 1 から反射される電力、$|s_{21}|^2$ は、ポート 1 からポート 2 へ伝達される電力、$|s_{12}|^2$ は、ポート 2 からポート 1 へ伝達される電力、$|s_{22}|^2$ は、ポート 2 から反射される電力である。2 ポート回路がマイクロストリップ線路の場合などで、線路から空間へ電磁エネルギーの放射がないと仮定すれば、S パラメータは電圧比なので、2 乗した値は電力比となるので、エネルギー保存の法則から、

$$|s_{11}|^2 + |s_{12}|^2 = 1$$ ································ (3-5)

が成立する。また、2 ポートで、受動素子で構成された回路の場合は、

$$|s_{11}|^2 + |s_{22}|^2 \leq 1$$ ································ (3-6)

である。(3-6) 式において、等号は無損失の場合に相当する。従って、受動回路の S パラメータは 1 以上にならない。また、可逆な回路（受動部品で言えば一方向系：アイソレータやサーキュレータでないもの）は、S 行列が対称行列（$S_{ij}=S_{ji}$）となる。

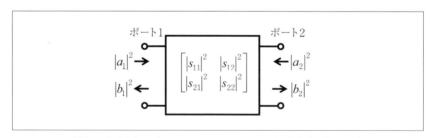

〔図 3.6〕電力で表した S パラメータと入出力信号の関係

3-3 マルチポートSパラメータ

　3ポート以上の複数ポートをもつ回路網もブラックボックスとして取り扱い可能である。このとき、図3.7に示したように、対象回路のポート（入出力端子）にポート番号に対応する番号をつける。二端子対回路網で定義したSパラメータと同様にすれば、ポート「j」に入射した信号が、ポート「i」で検出される場合のSパラメータは、「S_{ij}」と表せる。ポート番号が等しい（S_{ii}、S_{jj} など）場合のSパラメータは反射係数を意味し、ポート番号が異なっている（$i \neq j$）場合は、伝送（透過）を意味する係数となる。ポート数がn個ある回路の場合、S行列の行列要素はn^2個存在することになる。

　マルチポートシステムで、ポートkの反射係数S_{kk}は、ポートk以外（ポート番号をiと記述）を全て基準インピーダンスZ_0で終端（$a_i=0$、$i \neq k$）した条件で、

$$S_{kk} = \frac{b_k}{a_k}\bigg|_{a_i=0, i \neq k} \quad \cdots\cdots\cdots\cdots\cdots\cdots\cdots\cdots\cdots\cdots\cdots\cdots\cdots \quad (3\text{-}7)$$

で表される。一方、ポートkからポートm（$m \neq k$）への伝達係数S_{mk}は、ポートk以外を全て基準インピーダンスZ_0で終端（$a_i=0$、$i \neq k$）した条

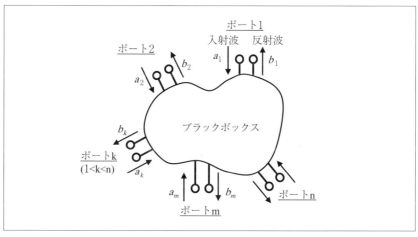

〔図3.7〕マルチポートSパラメータの概念図

件で、

$$S_{mk} = \left. \frac{b_m}{a_k} \right|_{a_i=0,\,i\neq k} \quad \cdots\cdots\cdots\cdots\cdots\cdots\cdots\cdots\cdots\cdots\cdots\cdots\cdots\cdots\cdots \quad (3\text{-}8)$$

と表せる。

3-4 差動Sパラメータの考え方 (ミクストモードSパラメータ)

差動回路の解析には、差動型のSパラメータが必要になるが、図3.8 (a) に示した差動回路のSパラメータを直接測定する測定器はないので、同図 (b) に示したように、単相の4ポート回路でSパラメータを測定し、その結果から、差動Sパラメータを計算で求める方法が考案されている [2][3]。

まず、図3.8 (b) のシングルエンド (単相) で4端子の回路でSパラメータを測定する。その結果、(3-9) 式で示す4ポートのS行列が得られる。ここで、a_i、b_i はそれぞれ入射波、反射波であり、添字はポート番号に対応している。

$$\begin{pmatrix} b_1 \\ b_2 \\ b_3 \\ b_4 \end{pmatrix} = \begin{pmatrix} s_{11} & s_{12} & s_{13} & s_{14} \\ s_{21} & s_{22} & s_{23} & s_{24} \\ s_{31} & s_{32} & s_{33} & s_{34} \\ s_{41} & s_{42} & s_{43} & s_{44} \end{pmatrix} \begin{pmatrix} a_1 \\ a_2 \\ a_3 \\ a_4 \end{pmatrix} \quad \cdots\cdots\cdots\cdots\cdots\cdots\cdots \quad (3\text{-}9)$$

(3-9) 式から、ミクストモードSパラメータ (差動Sパラメータ) を求めると、

$$\begin{pmatrix} b_{d1} \\ b_{d2} \\ b_{c1} \\ b_{c2} \end{pmatrix} = \begin{pmatrix} S_{dd} & S_{dc} \\ S_{cd} & S_{cc} \end{pmatrix} \begin{pmatrix} a_{d1} \\ a_{d2} \\ a_{c1} \\ a_{c2} \end{pmatrix} = \begin{pmatrix} s_{dd11} & s_{dd12} & s_{dc11} & s_{dc12} \\ s_{dd21} & s_{dd22} & s_{dc21} & s_{dc22} \\ s_{cd11} & s_{cd12} & s_{cc11} & s_{cc12} \\ s_{cd21} & s_{cd22} & s_{cc21} & s_{cc22} \end{pmatrix} \begin{pmatrix} a_{d1} \\ a_{d2} \\ a_{c1} \\ a_{c2} \end{pmatrix} (3\text{-}10)$$

となる。ここで、添字の「d」は差動 (differential) 信号、「c」は同相 (common) 信号を意味している。a_{d1}、a_{d2}、b_{d1}、b_{d2} は、図3.8 (a) のポー

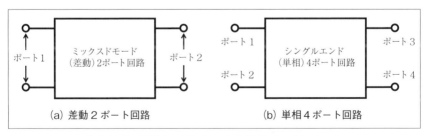

(a) 差動2ポート回路　　　　(b) 単相4ポート回路

〔図3.8〕差動Sパラメータと単相Sパラメータ

ト 1、ポート 2 に入力された差動信号の入射波及び反射波で、a_{c1}、a_{c2}、b_{c1}、b_{c2} は、ポート 1、ポート 2 に入力された同相信号の入射波及び反射波である。従って、S_{dd} は差動信号が同図 (a) のポートに入力され、差動信号がポートに出力される S パラメータを表している。同様に、S_{dc} は同相信号が入力され、差動信号がポートに出力される S パラメータ、Scd は差動信号が入力され、同相信号がポートに出力される S パラメータ、Scc は同相信号が入力され、同相信号がポートに出力される S パラメータを示している。

$$S_{dd} = \begin{pmatrix} s_{dd11} & s_{dd12} \\ s_{dd21} & s_{dd22} \end{pmatrix} = \frac{1}{2}\begin{pmatrix} s_{11} - s_{12} - s_{21} + s_{22} & s_{13} - s_{14} - s_{23} + s_{24} \\ s_{31} - s_{32} - s_{41} + s_{42} & s_{33} - s_{34} - s_{43} + s_{44} \end{pmatrix} \text{ (3-11)}$$

$$S_{dc} = \begin{pmatrix} s_{dc11} & s_{dc12} \\ s_{dc21} & s_{dc22} \end{pmatrix} = \frac{1}{2}\begin{pmatrix} s_{11} + s_{12} - s_{21} - s_{22} & s_{13} + s_{14} - s_{23} - s_{24} \\ s_{31} + s_{32} - s_{41} - s_{42} & s_{33} + s_{34} - s_{43} - s_{44} \end{pmatrix} \text{ (3-12)}$$

$$S_{cd} = \begin{pmatrix} s_{cd11} & s_{cd12} \\ s_{cd21} & s_{cd22} \end{pmatrix} = \frac{1}{2}\begin{pmatrix} s_{11} - s_{12} + s_{21} - s_{22} & s_{13} - s_{14} + s_{23} - s_{24} \\ s_{31} - s_{32} + s_{41} - s_{42} & s_{33} - s_{34} + s_{43} - s_{44} \end{pmatrix} \text{ (3-13)}$$

$$S_{cc} = \begin{pmatrix} s_{cc11} & s_{cc12} \\ s_{cc21} & s_{cc22} \end{pmatrix} = \frac{1}{2}\begin{pmatrix} s_{11} + s_{12} + s_{21} + s_{22} & s_{13} + s_{14} + s_{23} + s_{24} \\ s_{31} + s_{32} + s_{41} + s_{42} & s_{33} + s_{34} + s_{43} + s_{44} \end{pmatrix} \text{ (3-14)}$$

差動信号伝送の伝送損失は、ミックスモード S パラメータの S_{dd21} で表現できるが、(3-11) 式において、S_{31} 及び S_{42} は同一導体パターン配線を伝達するエネルギーであり、S_{41} と S_{32} は配線間の遠端クロストーク量とみることができる。これらを測定し把握することで、差動信号伝送の状況が具体的にわかる。また、差動ペア配線の配線長が異なる場合には、S_{cd21} が増加する傾向があり、S_{cd21} は放射ノイズに影響を与えるので、配線長を等しく設計すべきである。差動配線ペアの配線長は、配線を鋭角に曲げることにより変わってしまうのでレイアウトでは、特に注意が必要である。配線曲げによって生じるスキューは、配線幅および配線間隙が小さい差動ペア配線（結合の強い配線ペア）の方が小さくすることができるが、結合が弱い差動配線ペアの場合は、結合配線にスキューが生じても、互いの結合が弱いために影響が小さく、S_{cd21} の増大が少ない。差動配線ペアのレイアウトでは、配線長を等しくするのみではなく、ペ

ア配線の全体で結合配線までの長さを等しくし、結合配線内では完全な差動動作をさせることが理想的である。さらに、GND スリットをまたぐ配線を極力少なくする設計に配慮すべきである。尚、結合が強いペア配線ほど、GND スリット有無による S_{dd21} の差が少ないが、その理由は、結合が強い配線ではリターン電流の多くは互いのペア配線に流れているために、リターン電流経路は常に確保されているためである。結合が弱い配線では、GND などの経路をリターン電流が流れるためにスリットによる電流経路の不連続が大きな問題となる。

　図 3.9 には、差動 S パラメータの 4 つのモードの動作の様子を示した。単相の S パラメータのポートインピーダンス（基準抵抗）は 50 Ω であるとき、差動信号が 2 つのポートを駆動する場合（同図 a）は、出力が直列になるので、差動信号源の出力インピーダンスは 100 Ω となる。これに対し、同相信号の信号源インピーダンスはシングルエンドポートが並列となるので、信号源インピーダンスは 25 Ω となる（同図 b）。同様に、同図（c）及び（d）に示したように、出力側が差動か、同相かにより動作モードが異なる [2]。

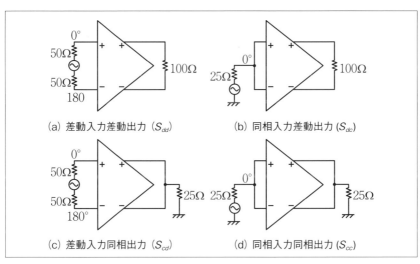

〔図 3.9〕差動 S パラメータの 4 つの動作モード

3-5　大信号 S パラメータ

　一般の二端子対回路網と同じく、S パラメータ解析も、回路は線形で
あることを前提としている。回路に非線形の素子が存在する場合には、
素子の動作点における小信号等価回路を求め、その他の回路を含めて線
形であるという仮定で解析を行う。こうして求めた線形等価回路を基に
解析が行われるので、回路を非線形性が大きい動作点にバイアスした場
合であっても、入出力関係を線形と仮定しているので、S パラメータ出
力に歪み成分が現れることはない。

　回路に大信号を入力する場合や、素子の動作点が極度に非線形な特性
の位置にある場合を解析するためには、大信号 S パラメータ（Large
Signal S-Parameter: LSSP）を調べる必要がある。大信号 S パラメータは、
大信号を入力した状態で、ハーモニック・バランス法を用いた計算によ
り、その基本波成分に対する入出力（入射波、反射波）の比から算出す
ればよい。このように、大信号 S パラメータは、利得圧縮などの非線
形効果を含んでおり、入力電力レベルによって、パラメータ値が変化す
るので、電力依存パラメータともいわれる。大信号 S パラメータもポー
ト番号に対応した入射波 a_i と反射波 b_j から、

$$S_{ji} = \frac{b_j}{a_i}\bigg|_{a_j=0} \quad\text{..}\quad (3\text{-}15)$$

のように、求めることができる [4]。

3－6 スミスチャート

　高周波回路の設計では、反射波が発生しないように、入出力インピーダンスを一致させる（整合する）ことが重要である。高周波回路では、入力インピーダンスは複素数である場合が一般的であるので、図3.10に示した直交座標の複素平面でインピーダンスの周波数による軌跡を、抵抗とインダクタ（抵抗値 R、インダクタンス値 L）が直列接続された回路を例に説明する。そのインピーダンス Z_1 は、角周波数を ω とすると $Z_1 = R + j\omega L$ であり、周波数によってインピーダンスは、$\omega = 0$（直流）における $Z = R$（純抵抗）から、ω の増加により虚数成分が単調増加し、$\omega = \infty$ では、虚数部分が正に発散するなど、複素平面上では、インピーダンスの軌跡は、$(R, 0)$ から $(R, +\infty)$ を結ぶ直線上を移動する。インピーダンスの絶対値は、原点から直線上の点までの長さであり、その偏角は、原点からインピーダンスを結んだ直線と実軸とのなす角となる。直交した複素平面で、任意の周波数範囲のインピーダンスを表現するには、無限の広さの軸が必要となる。

　スミスチャートは、1939年にフィリップ・ヘイガー・スミスが考案した図表で、伝送線路のインピーダンス整合を考える際に、一つの図の中で、インピーダンス、アドミタンス、反射係数の関係を視覚的にとらえることができる。

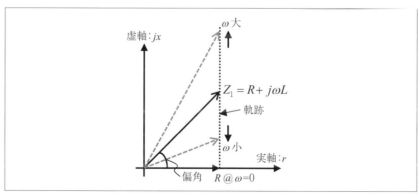

〔図 3.10〕直交座標の複素平面上のインピーダンス軌跡

　対象とする（負荷）インピーダンスが 0 から ∞ の値を取る場合に、その反射係数が ±1 以上の値を取らないことを基に、反射係数を表す複素平面上に、基準インピーダンスで規格化したインピーダンスを投影することでスミスチャートを導出できる。ここで、抵抗は負にならないために、複素平面の右半分だけしか考えない。また、変換の結果、虚軸 ±∞ と実軸 +∞ を、反射係数の実数「1」に押し込んだ形となっている。

　具体的な数式変換を以下に述べる。基準インピーダンス Z_0 で規格化したインピーダンス $Z=Z_1/Z_0=r+jx$ を反射係数の平面状に投影するために、下記の式変形をする。

　反射係数 $\Gamma=\mu+j\upsilon=(Z-1)/(1+Z)$ の定義から、$Z=(1+\Gamma)/(1-\Gamma)$ であるので、

$$Z = r+jx = \frac{1+(\mu+j\upsilon)}{1-(\mu+j\upsilon)} = \frac{1-\mu^2+j\upsilon(1-\mu+1+\mu)-\upsilon^2}{(1-\mu)^2+\upsilon^2} = \frac{1-\mu^2-\upsilon^2+j2\upsilon}{(1-\mu)^2+\upsilon^2}$$

$$\cdots (3\text{-}16)$$

この式の実部の比較から、

$$\left(\mu-\frac{r}{r+1}\right)^2+\upsilon^2 = \frac{1}{(r+1)^2} \quad\cdots\cdots\cdots\cdots\cdots\cdots\cdots\cdots\cdots (3\text{-}17)$$

が得られる。実部 $=r$（一定）の規格化インピーダンスは、半径 $1/(r+1)$、中心 $[r/(r+1), 0]$ の円周上にある。実部 r が ∞ であれば半径ゼロ、中心 $(1,0)$ の円に、実部 r がゼロなら半径 1、中心 $(0,0)$ の円となる。この結果、複素平面で等抵抗のインピーダンスは、反射率平面（Γ 平面）上で、図 3.11 の円群に変換される。

　一方、虚部を比較すると、

$$(\mu-1)^2+\left(\upsilon-\frac{1}{x}\right)^2 = \frac{1}{x^2} \quad\cdots\cdots\cdots\cdots\cdots\cdots\cdots\cdots\cdots (3\text{-}18)$$

が得られる。この式より、虚部 $=x$（一定）の規格化インピーダンスは、図 3.12 に示した半径 $1/x$、中心 $(1, 1/x)$ の円周上にある。

　以上の結果は、基準抵抗（通常 50 Ω）で正規化したインピーダンス $Z=r+jx$ は、複素反射係数を直交座標系で表わした複素平面上に、中心を 1（=50 Ω）とした円弧として現れ、この円弧で、−∞ から +∞ までの

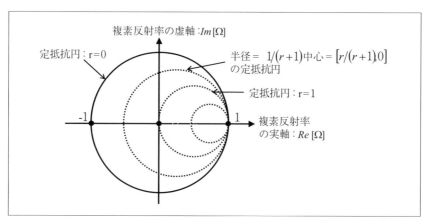

〔図3.11〕スミスチャートにおける定抵抗円

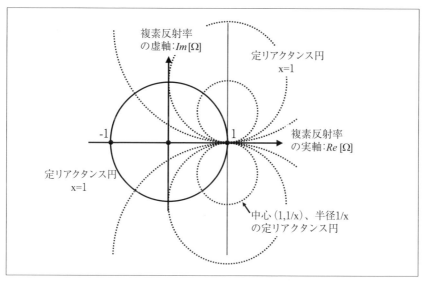

〔図3.12〕スミスチャートにおける定リアクタンス円

インピーダンスが表現できることを意味している。

　図3.13には、スミスチャートの全体図を示した。インピーダンス Z の実部が定抵抗円、虚部が定リアクタンス円の円周上の位置を与えており、任意の Z の値は、二つの円の交点に相当し、直交座標軸で読み取

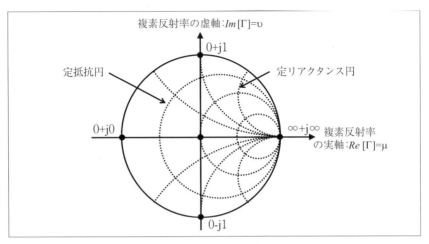

〔図3.13〕反射係数の直交座標系を重ねたスミスチャート

ると反射係数となる。

　スミスチャートは、直列に素子を入れて整合条件を決定する場合に利用される。また、インピーダンスの周波数による変化は、スミスチャート上では軌跡として現れる。反射係数は、中心を原点とした直交座標であるので、その値は、中心からの距離と角度でわかる。

　図3.14に、Z平面とΓ平面における、抵抗が一定（$r=0$、1、3）の場合におけるインピーダンスの周波数増加に伴う軌跡を示した。L、$C>0$のとき、周波数の増加とともにZ平面上では虚軸（j軸）に沿って上方向に移動する。一方、Γ平面では、低抵抗円の円弧を時計回りに移動する。

　図3.15は、Z平面とΓ平面における、リアクタンスが一定（$x=-2$、1、2）の場合における抵抗増加に伴う軌跡を示した。抵抗の増加とともにZ平面上では実軸（r軸）に沿って水平方向に移動する。一方、Γ平面では、$\mu=+1$でμ軸に接する定リアクタンス円の円弧に沿って右方向に移動する。

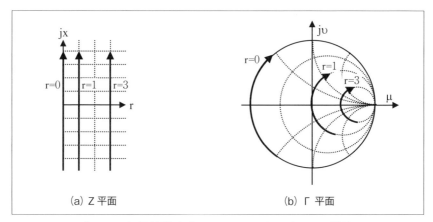

(a) Z 平面　　　　　　　　　　　(b) Γ 平面

〔図 3.14〕周波数変化によるインピーダンスの軌跡

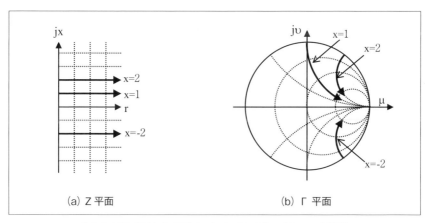

(a) Z 平面　　　　　　　　　　　(b) Γ 平面

〔図 3.15〕抵抗の変化によるインピーダンスの軌跡

3－7　スミスチャートを用いた整合

　スミスチャートを用いて、インピーダンス整合を求める方法の利点は、チャート図を見ながら、何を接続すればインピーダンスがどのように変化するかを視覚的に捉えることができる点にある。スミスチャート上では、周波数が一定の場合、インダクタンスまたはキャパシタンスの増減がチャート上の軌跡になって現れる。図3.16は、伝送線路インピーダンスが $Z_0=50\ \Omega$ で、周波数1 GHz の負荷インピーダンス $Z_{L0}=50+j50\ [\Omega]$（規格化インピーダンス：$Z=Z_{L0}/Z_0=1+j1$）のとき、伝送線路端からみた負荷インピーダンス Z_L を Z_0 に整合する例を示している。負荷インピーダンス Z_L は、スミスチャートの上半分の位置にあるので、誘導性を示している。一方、チャート上では、50 Ω の定抵抗円上にあるので、虚部がゼロになるようにキャパシタを Z_L に直列に接続すればよいことがわかる。キャパシタを接続すれば、スミスチャート上の軌跡は、定抵抗円に沿って反時計周りに移動する。このように、負荷インピーダンスを $Z_L=1+j0$ の整合点に移動出来るとわかる。

　図3.17には、規格化インピーダンスが $Z=Z_{L0}/Z_0=1+j1$ のとき負荷インピーダンスに、直列接続する素子により、スミスチャート上の軌跡がどのように動くかを示した。抵抗を直列接続する同図①の場合では、Z_L の実部のみ増加するので、定リアクタンス円上を右方向に移動する。キ

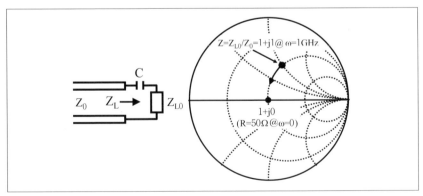

〔図3.16〕コンデンサの追加による整合

ャパシタを直列接続する同図②の場合、Z_L の虚部のみ変化するので、定抵抗円に沿って反時計周りに移動する。インダクタを直列接続する同図③では、Z_L の虚部のみ変化するので、定リアクタンス円に沿って時計周りに移動する。このような動きを考慮して整合条件を見出す。

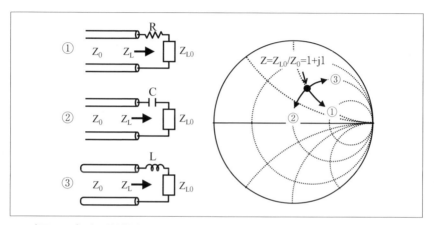

〔図 3.17〕直列接続素子によるスミスチャート上のインピーダンス軌跡

3−8　アドミタンスチャートとイミタンスチャート

　アドミタンスチャートは、負荷インピーダンスに並列に素子を接続した場合のアドミタンス Y 及び、反射係数を視覚的にとらえることができる図表である。スミスチャートを導出したときと同様に、反射係数の定義式から、アドミタンスチャートを求める。まず、$Z=1/Y$ とおくと、

$$\Gamma = \frac{(Z_L/Z_0)-1}{1+(Z_L/Z_0)} = \frac{Z-1}{1+Z} = \frac{(1/Y)-1}{1+(1/Y)} = \frac{1-Y}{1+Y} \quad\cdots\cdots\cdots\cdots\cdots\cdots \text{(3-19)}$$

が得られる。この式は、形式的には、インピーダンスの式の符号を反転したものであるので、スミスチャートを180度回転すればアドミタンスチャートになる。

　図3.18は、アドミタンスチャートであり、基準抵抗（通常50 Ω）で正規化したアドミタンス $Y=g+jb$ は、複素反射係数を直交座標系で表わした複素平面上に、中心を $1(=50\ \Omega)$ とした円弧として現れ、この円弧で、$-\infty$ から $+\infty$ までのアドミタンスが表現できる。ここで、アドミタンス Y の実部が定コンダクタンス円、虚部が定サセプタンス円の円周上の位置を与えており、任意の Y の値は、二つの円の交点に相当し、直交座標軸で読み取ると反射係数となる。

　次に、規格化インピーダンス：$Y=Y_{L0}/Y_0=0.2+j0.2$ のとき負荷アドミ

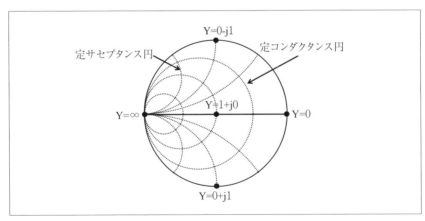

〔図3.18〕アドミタンスチャート

タンスに、並列接続する素子により、アドミタンスチャート上の軌跡がどのように動くかを図 3.19 に示した。コンダクタンス G を並列接続する同図①の場合では、Y_L の実部のみ増加するので、定コンダクタンス円上を移動左方向に移動する。キャパシタを並列接続する同図②の場合、Y_L の虚部のみ変化するので、定サセプタンス円に沿って時計周りに移動する。インダクタを並列接続する同図③でも、Y_L の虚部のみ変化するので、定サセプタンス円に沿って反時計周りに移動する。このような動きを考慮して整合条件を見出す。

図 3.20 は、スミスチャートとアドミタンスチャートを重ね合わせた図であり、イミタンスチャートと呼ばれている。このチャートを用いることにより、直並列素子による軌跡を同時に視覚的にとらえることができる。

図 3.21 は、イミタンスチャート上で、規格化インピーダンス $Z_L=0.6+j0.4$ の場合に、素子を直並列接続したときのインピーダンス軌跡である。抵抗を直列に接続する場合は、$x=0.4$ の定リアクタンス円上を右方向（反時計回り）に移動する。インダクタの直列接続の場合は、$r=0.6$ の定抵抗円上を時計回りに移動し、コンデンサの直列接続の場合には、同じ定抵抗円上を反時計回りに移動する。また、規格化インピー

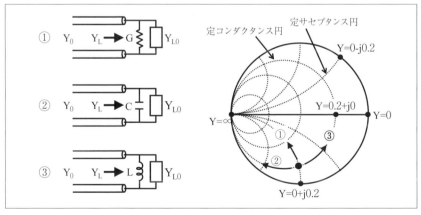

〔図 3.19〕並列接続素子によるアドミタンスチャート上の軌跡

ダンス Z_L はアドミタンスに変換すると、$Y_L=1.15-j0.77$ であるので、抵抗を並列に接続すると $b=-0.77$ の定サセプタンス円上を左方向（時計回り）に移動し、インダクタの並列接続では、$g=1.15$ の定コンダクタ

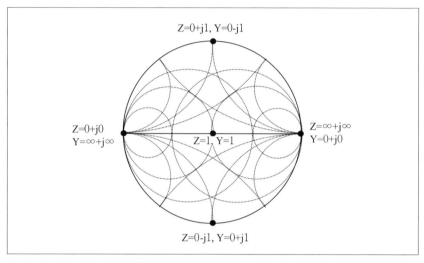

〔図 3.20〕イミタンスチャート

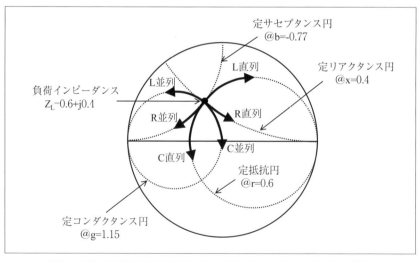

〔図 3.21〕直並列接続素子によるイミタンスチャート上の軌跡

ンス円上を反時計回りに移動し、キャパシタンスの並列接続の場合は、同じ定コンダクタンス円上を時計回りに移動する。

次に、具体例として、周波数1GHzで16+j30 (Ω) の負荷 Z_{L0} を50 Ω の同軸ケーブル線路に整合させるとき、

① 定コンダクタンス円上の点16−j23.4 (Ω) を経由し、インピーダンス変換する方法

② 定抵抗円上の点50+j20(Ω) を経由し、インピーダンス変換する方法

③ 定コンダクタンス円上の点16+j23(Ω) を経由し、インピーダンス変換する方法

のイミタンスチャート上の軌跡と、整合回路図がどのようになるかを図3.22～図3.24を用いて示す。まず、負荷インピーダンス16+j30 (Ω)、基準インピーダンスは50 Ω であるので、規格化インピーダンス $Z_{L0}/Z_0=a_0+j b_0=0.32+j0.6$ をイミタンスチャートにプロットする。

ケース①

図3.22において、目標の50 Ω を通過する定抵抗円と定コンダクタンス円との交点の値を導出するために、$Z=a_0-jb$ とおき、アドミタンス Y

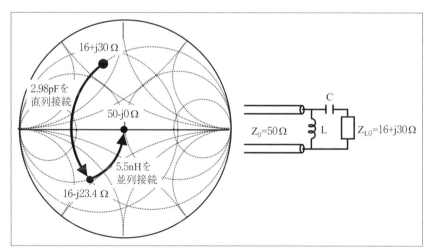

〔図3.22〕ケース1の場合におけるインピーダンス軌跡と整合回路図

の実部が 1 となる条件で計算する。

$$Y = \frac{1}{Z} = \frac{1}{a_0 - jb} = \frac{a_0 + jb}{a_0^2 + b^2} = 1 + j\frac{b}{a_0^2 + b^2} \quad \cdots\cdots\cdots\cdots (3\text{-}20)$$

の実部同士の比較から、

$$\frac{a_0}{a_0^2 + b^2} = 1$$

の条件、$b = \sqrt{a_0(1 - a_0)} = 0.47$ が得られる。

　ここまでは定抵抗円上の移動であるので、周波数 1 GHz のリアクタンス値の変化（$+j0.6 \rightarrow -0.47$）から素子を特定することができ、キャパシタンス 2.98 pF を直列接続すればよいとわかる。次に、定コンダクタンス円上をアドミタンス Y のサセプタンス成分がゼロになるようにサセプタンスを追加する。交点は、$Y = 1 + j1.45$ であるので、

$$Y = (1 + j1.45) \times \frac{1}{50} + \frac{1}{jX_L} = \frac{1}{50} \quad \cdots\cdots\cdots\cdots\cdots\cdots (3\text{-}21)$$

から、並列に 5.5 nH を接続すれば $50 + j0\ \Omega$ に整合できることがわかる。

ケース②

　最初に、規格化インピーダンス $Z_{L0}/Z_0 = a_0 + jb_0 = 0.32 + j0.6$ から、規格化アドミタンス $Y_{L0}/Y_{L0} = c_0 - jd_0$ の値を求める。

$$Y = c_0 - jd_0 = \frac{1}{Z} = \frac{1}{a_0 + jb_0} = \frac{a_0 - jb_0}{a_0^2 + b_0^2} = 0.69 - j1.29 \quad \cdots\cdot (3\text{-}22)$$

　図 3.23 で、50 Ω を通過する定抵抗円の交点の規格化インピーダンスを $Z' = 1 + jb$ とすれば、定コンダクタンス円との交点では、

$$0.69 - jd = \frac{1}{1 + jb} = \frac{1 - jb}{1 + b^2} \quad \cdots\cdots\cdots\cdots\cdots\cdots (3\text{-}23)$$

が成立するので、実部同士の比較

$$\frac{1}{1 + b^2} = 0.69$$

から、$b = 0.67$、$d = 0.46$ が得られる。

　並列回路のサセプタンス成分の変化から、キャパシタを並列に接続す

べきであり、その値は、1 GHz であることから

$$j\omega C = j(1.29 - 0.46) \times \frac{1}{50} \quad \cdots\cdots\cdots\cdots\cdots\cdots\cdots\cdots\cdots\cdots \text{(3-24)}$$

から、2.64 pF と求められる。同様に、低抵抗円上をリアクタンス成分がゼロになるように移動させるには、キャパシタを直列に接続すべきで、その値は、

$$-jX_C = \frac{1}{j\omega C} = -j0.67 \times 50 \quad \cdots\cdots\cdots\cdots\cdots\cdots\cdots\cdots\cdots \text{(3-25)}$$

から、4.75 pF を直列に接続して、50 + j0 Ω に整合できることが導かれる。この整合手段は、キャパシタ 2 個で済むので、インダクタが不要であるので小型化に適している。

ケース③

　図 3.24 において、目標の 50 Ω を通過する定コンダクタンス円との交点の値を導出するために、$Z = a_0 + jb$ とおき、アドミタンス Y の実部が 1 となる条件で計算する。

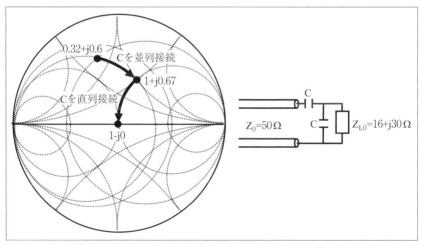

〔図 3.23〕ケース 2 の場合におけるインピーダンス軌跡と整合回路図

- 133 -

$$Y = \frac{1}{Z} = \frac{1}{a_0 + jb} = \frac{a_0 - jb}{a_0^2 + b^2} = 1 - j\frac{b}{a_0^2 + b^2} \quad \cdots\cdots\cdots\cdots (3\text{-}26)$$

の実部同士の比較から、

$$\frac{a_0}{a_0^2 + b^2} = 1$$

の条件、$b = \sqrt{a_0(1 - a_0)} = 0.47$ が得られる。

　ここまでは定抵抗円上の移動であるので、周波数 1 GHz のリアクタンス値の変化（$+j0.6 \rightarrow +j0.47$）から素子を特定することができ、キャパシタンス 24.5 pF を直列接続すればよいとわかる。次に、この交点のアドミタンスを求める。$Z = a_1 + jb_1 = 0.32 + j0.47$ から、規格化アドミタンスは、

$$Y = c_1 - jd_1 = \frac{1}{Z} = \frac{1}{a_1 + jb_1} = \frac{a_1 - jb_1}{a_1^2 + b_1^2} = 1 - j1.45 \quad \cdots\cdots\cdots (3\text{-}27)$$

　アドミタンスチャート上を時計回りに移動させるので並列回路の構成で、そのサセプタンス成分をゼロにするためには、キャパシタを並列に接続すべきとわかる。また、その値は、1 GHz であることから

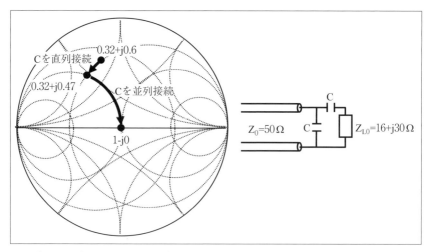

〔図 3.24〕ケース 3 の場合におけるインピーダンス軌跡と整合回路図

$$j\omega C = j1.45 \times \frac{1}{50} \quad \cdots\cdots\cdots\cdots\cdots\cdots\cdots\cdots\cdots\cdots\cdots\cdots\cdots\cdots\cdots\cdots \quad (3\text{-}28)$$

から、4.6 pF と求められる。この整合手段もキャパシタ 2 個で済むので、小型化に適している。

3-9　高速信号の測定技術

3-9-1　ベクトルネットワークアナライザ

　前節までで述べたSパラメータはベクトルネットワークアナライザ（Vector Network Analyzer: VNA）で測定できる。この測定では、透過及び反射電力の強度と位相を同時に測定でき、この電力比を計算すれば、Sパラメータが求められる。また、出力の実数部と虚数部も計算により求めることができ、測定結果はスミスチャートや周波数グラフの形で表現することもできる。

　ベクトルネットワークアナライザの内部構造を図3.25に示した。この測定器は、基準信号発生器、ポート切り替えスイッチ、2つの方向性結合器から構成されている。方向性結合器は、3ポートの単方向性結合器（single directional coupler）、または4ポートの双方向性結合器（dual directional coupler）があり、伝送線路上に挿入され、線路上を特定の方向に伝搬する電力の一部を結合ポートから出力することができる。単方向性結合器は一方向の電力に対応する信号を出力するだけであるが、双方向性結合器は信号を出力する結合ポートが2つあり、進行方向に伝搬する電力（進行波) と、逆方向に伝搬する電力（反射波）の それぞれに対応する信号を同時に出力できるデバイスである。

　方向性結合器の主要なパラメータは、挿入損失、結合度、アイソレーション、方向性の4つである。挿入損失（insertion loss）は方向性結合器によって生じる損失で、低いほど良い。結合度（coupling）は、信号の進行方向に伝搬する電力と結合ポートに取り出される電力比で、結合ポートに出力される電力が適切な値になるように、入射される電力によって結合度の大きさが選択される。アイソレーション（isolation）は、逆方向に伝搬する電力の結合ポートへの漏れの程度を示すものであり、方向性（directivity）は、結合ポートに出力される電力の伝搬方向による違い、すなわち進行波と反射波を区別する能力で、いずれも高い方が良い。

　図3.25の例では、ポート1に入力がある場合のSパラメータであるS_{11}及びS_{21}の測定の例を示している。このとき、基準信号源の正弦波信号は、スイッチを介してポート1側に接続され、次に、方向性結合器で

分岐されて、一方は基準信号 a_1 として検出される。分岐した他方の信号は VNA のポート 1 より出力され、被測定物（Device Under Test: DUT）の入力コネクタで反射し、ポート 1 から VNA へ戻り、方向性結合器で反射波 b_1 として測定される。尚、基準信号源のポート 2 側は、スイッチにより 50 Ω に終端されている。

　この評価では、後述するように、被測定物の接続面（測定面）からの情報を正確に測定できるよう、校正という調整を行っているので、基準信号に対して、反射波の時間遅れ（位相差）も正確に測定することができる。

　S パラメータの S_{11} は、基準信号 a_1 に対する反射波 b_1 の比を計算すれば求められる。

$$S_{11} = \frac{b_1}{a_1}$$ ·· (3-29)

また、信号源から方向性結合器 1 で分岐され、DUT に入力され、その後ポート 2 に透過した信号は、方向性結合器で透過波 b2 として検出される。

　S パラメータ S_{21} は、基準信号 a_1 に対する透過波 b_2 の比を計算すれば求められる。

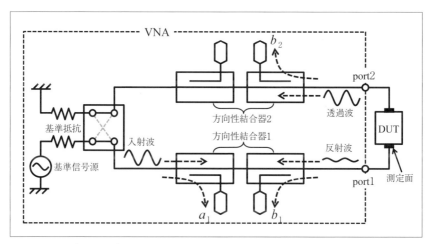

〔図 3.25〕ベクトルネットワークアナライザ動作原理図

$$S_{21} = \frac{b_2}{a_1} \quad \cdots\cdots\cdots\cdots\cdots\cdots\cdots\cdots\cdots\cdots\cdots\cdots\cdots \text{(3-30)}$$

　DUT の S パラメータを測定する前に、測定器（VNA）と DUT を接続しているコネクタやケーブルの損失などの特性の影響を取り除く「校正」が必要である。ネットワークアナライザが、高周波領域でも高い測定確度を実現できるのは、測定系が有する誤差成分に関する S パラメータを、DUT の S パラメータから数学的な手法で取り除くことができるからである。測定前に行う、この処理を校正（キャリブレーション）という。この校正により、伝送及び反射の測定基準面が DUT だけに決定されるので、DUT の振幅及び位相が確定する。

　校正の原理を 1 ポート回路の場合について図 3.26 のシグナルフローグラフを用いて説明する。VNA から測定できる反射係数 S_{11M} は、VNA のポートに相当する測定基準面からの値で、DUT を VNA に接続するためのコネクタやケーブルの影響があるために、この値は DUT の反射係数の真値 S_{11A} とは異なっている。

　図 3.26 で示された 1 ポートの VNA で測定される反射係数の測定値 S11M と、DUT の反射係数の真値 S_{11A} は、S パラメータを用いて（3-31）式で関係づけられる [5]。

$$S_{11M} = E_D + E_{RT} \frac{S_{11A}}{1 - E_S S_{11A}} \quad \cdots\cdots\cdots\cdots\cdots\cdots\cdots\cdots\cdots \text{(3-31)}$$

ここで、E_D は方向性、E_{RT} は反射測定のトラッキング、E_S はソースマッチと呼ばれる誤差パラメータで、これらの値を算出するプロセスが校正

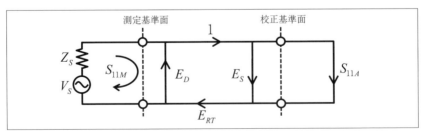

〔図 3.26〕VNA 校正原理図

である。この3個のパラメータを導出するために、図3.27に示したように、特性が既知である3個の校正用素子（開放：Open、短絡：Short、50 Ω 負荷：Load または Thru とも呼ばれる）を用いた測定を行う。校正用素子の反射係数を Γ_1、Γ_2、Γ_3 とし、これらを用いた DUT の反射係数の測定値を Γ_{m1}、Γ_{m2}、Γ_{m3}、として（3-31）式を解けば、E_D、E_{RT}、E_S に関して以下の式が導出できる。

$$E_D = \frac{1}{\Delta}\begin{vmatrix} \Gamma_1 & \Gamma_1\Gamma_{m1} & \Gamma_1 \\ \Gamma_2 & \Gamma_2\Gamma_{m2} & \Gamma_2 \\ \Gamma_3 & \Gamma_3\Gamma_{m3} & \Gamma_3 \end{vmatrix} \quad\cdots\cdots\cdots\cdots\cdots\cdots\cdots\cdots\cdots (3\text{-}32)$$

$$E_S = \frac{1}{\Delta}\begin{vmatrix} 1 & \Gamma_{m1} & \Gamma_1 \\ 1 & \Gamma_{m2} & \Gamma_2 \\ 1 & \Gamma_{m3} & \Gamma_3 \end{vmatrix} \quad\cdots\cdots\cdots\cdots\cdots\cdots\cdots\cdots\cdots (3\text{-}33)$$

$$E_{RT} = \frac{1}{\Delta}\begin{vmatrix} 1 & \Gamma_1\Gamma_{m1} & \Gamma_{m1} \\ 1 & \Gamma_2\Gamma_{m2} & \Gamma_{m2} \\ 1 & \Gamma_3\Gamma_{m3} & \Gamma_{m3} \end{vmatrix} + E_D E_S \quad\cdots\cdots\cdots\cdots\cdots (3\text{-}34)$$

$$\Delta = \begin{vmatrix} 1 & \Gamma_1\Gamma_{m1} & \Gamma_1 \\ 1 & \Gamma_2\Gamma_{m2} & \Gamma_2 \\ 1 & \Gamma_3\Gamma_{m3} & \Gamma_3 \end{vmatrix} \quad\cdots\cdots\cdots\cdots\cdots\cdots\cdots\cdots\cdots (3\text{-}35)$$

　尚、上述した校正に必要な素子は、一般的に VNA の測定アクセサリとして準備されていたり、校正プログラムが、あらかじめ内蔵されていたりする。

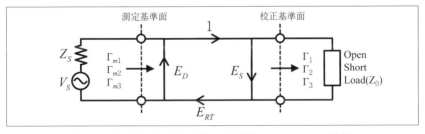

〔図 3.27〕校正用素子を用いた誤差パラメータの導出

3-9-2　伝送線路などのインピーダンス測定 (TDR 法)

　プリント基板上の伝送線路などの特性インピーダンスを測定する方法の一つに、TDR 法 (Time Domain Reflectometry) がある。TDR 法は、2章で述べた伝送線路のインピーダンス不整合 (インピーダンスミスマッチ) による反射現象を利用したものであるので、測定系が、分布定数線路として振る舞う領域で動作させる必要がある。従って、測定器に内蔵されている信号発生器出力のステップ信号は、立ち上がり時間が 20～50 psec と超高速である。図 3.28 は、タイムドメイン・リフレクトメータの機能ブロック図で、この図を用いて動作原理を説明する。まず、出力インピーダンス Z_0 の信号発生器から、電圧 E_i のステップ状信号が生成され、DUT に信号が入力される。この信号は、DUT 内を伝搬後、終端で反射し、再び測定器に戻り、サンプラにより測定される。この時の反射電圧 E_r は、2章で定義された反射係数 (2-62) 式で求められる。

　図 3.28 の例では、信号電圧 E_i のステップ信号発生器の出力インピーダンスは Z_0、DUT は特性インピーダンス Z0 で配線長 ℓ の伝送線路がインピーダンス Z_L で終端されている例である。図 3.29 は、タイムドメイン・リフレクトメータのオシロスコープの観察波形の例であり、単純化のために波形の立ち上がり / 立下り時間はゼロとして表示している。図 3.29 (a) は終端インピーダンスと測定器のインピーダンスが同じ ($Z_L=Z_0$) 場合のオシロスコープ表示の例であり、反射が発生していない。同図 (b) 及び (c) は、終端インピーダンス Z_L が Z_0 と異なる場合で、い

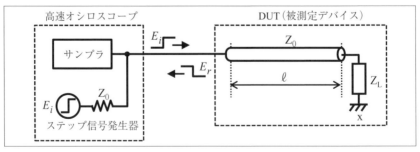

〔図 3.28〕タイムドメイン・リフレクトメータの機能ブロック図

ずれも伝送線路を信号が往復する時間 ΔT 後に、反射信号 E_r がオシロスコープで表示される。往復時間 ΔT は、伝送線路の伝搬速度を u_0 とすれば $\Delta T = 2\ell/u_0$ で求められる。

また、(2-60) 式にあるように反射係数 $\Gamma = E_r/E_i$ から Z_L は、

$$Z_L = \frac{1+\Gamma_0}{1-\Gamma_0} \qquad\qquad \cdots\cdots\cdots\cdots\cdots\cdots\cdots\cdots\cdots\cdots\cdots\cdots\cdots\cdots (3\text{-}36)$$

と求めることができる。

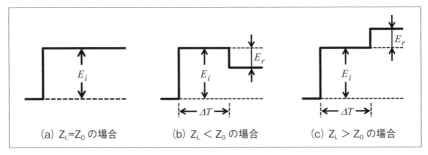

(a) $Z_L = Z_0$ の場合　　(b) $Z_L < Z_0$ の場合　　(c) $Z_L > Z_0$ の場合

〔図 3.29〕オシロスコープの表示例

3－10　符号間干渉とアイパターン

　伝送線路や回路の特性は、配線構造や回路定数があらかじめ判明していれば解析的に求めることができるが、システム全体の特性を確認するには煩雑である。システム特性を簡易に評価できる手法にアイパターン（eye pattern）または、アイダイアグラム（eye diagram）と呼ばれる評価がある。アイパターンは、信号波形の各ビットの遷移を多数サンプリングし、重ね合わせた波形であり、「目」の開き具合に例えてアイパターンと名付けられている。アイパターンを確認することにより、その目の開き具合や幅などから、伝送路の歪（ひずみ）、帯域幅、あるいはノイズの影響などを含めたタイミングマージンや電圧マージンを一度に評価できる [6]。アイパターンの波形が重なっている場合は、品質の良い波形であり「アイが開いている」と表現される。一方、波形がずれている場合は、品質の悪い波形で、「ジッタが悪い」などといわれる。尚、アイパターンを確認することにより、システム全体の特性を確認できるが、どのビットパターンのエッジが、どの問題の原因となっているのかという情報を得ることはできない。

　アイパターンは、疑似ランダム信号（Pseudo Random Bit Sequence：PRBS）といわれる信号系列を回路や伝送線路に入力して測定される。疑似ランダム信号は、「0」と「1」の出現確率がランダムに近いものの、そのパターンが有限の周期で繰り返される信号である。この信号は、M系列（Maximum Length Sequence）といわれる線形漸化式で発生される数列を利用して生成される [6]。具体的な回路実装は、シフトレジスタの途中の1つまたは、複数の段の出力データの排他的論理和（Exclusive OR：EXOR）の出力を帰還することで行われる場合が多い。図3.30は、（フリップフロップが）7段縦列接続されたシフトレジスタとEXORで構成された、2^7-1 ビット（127ビット）の疑似ランダム信号発生回路の例である [7][8]。尚、ビット数を増やすには、シフトレジスタの段数を増やせばよい。

　図3.31は、ビットレート1Gbpsの 2^7-1 ビット疑似ランダム信号を回路に印加した際の出力アイパターンの例で、横軸の開口は1ビットの

時間であるユニットインターバル（Unit Interval: UI）単位で表示されている。

同図 (a) は信号品質の良い波形で、クロスポイント（ロウレベルからハイレベル、ハイレベルからロウレベルへの遷移）における信号の重ね合わせの時間幅（ジッタ）が短くなっていることがわかる。また、ユニットインターバルの中央におけるハイレベルとロウレベルの電位差（開口）も十分大きい。一方、同図 (b) では、ジッタも大きく、アイ開口も小さくなっている結果、ノイズマージンが小さくなり、信号を正しくサンプリングできる時点も狭まっている。このため、この波形を受信した際の「1」と「0」の識別を行う際に符号誤り率が増大するなどの問題が発生する。

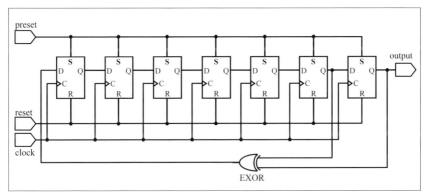

〔図 3.30〕7 段の疑似ランダム信号発生回路

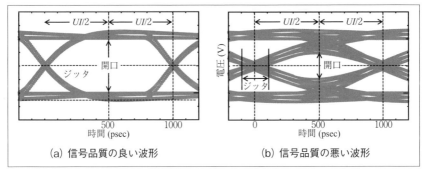

(a) 信号品質の良い波形　　　　　(b) 信号品質の悪い波形

〔図 3.31〕アイパターンの例

　アイパターンが劣化する原因は複数あるが、符号間干渉（Inter Symbol Interference：ISI）によるものが大きい。符号間干渉とは、電気通信における信号の歪みの一種で、隣接する符号間で干渉が起きることを意味する。具体的には、伝送された前後の符号（「0」、「1」）が雑音として影響するものである。符号間干渉の原因は、帯域が制限された伝送路（すなわち、ある遮断周波数以上の周波数特性が減衰した伝送路）で信号を転送することである。このような伝送路で信号を送ると、遮断周波数以上の周波数成分が減衰または除去され、遮断周波数未満の周波数成分もある程度の減衰を生じる。

　図3.32は、疑似ランダム信号が入力された場合の回路応答波形である。回路の時定数は、1ビットのパルス幅よりも大きい場合であり、パルスの「0」「1」の変化に応答が十分追随できていない。その結果、「1」が連続して入力されたときには、出力の応答のDCレベルが「H」側に移動し、「0」が連続入力された場合には、出力レベルが「L」に移動していることがわかる。この結果、ビット毎に応答を重ね合わせた場合にアイパターンが狭まることがわかる。

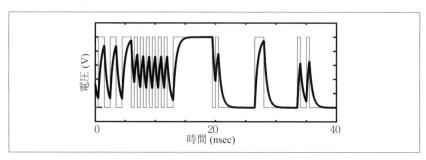

〔図3.32〕疑似ランダムパターン入力時の応答波形

3－11 演習問題

設問 3－1

　ある回路を（基準抵抗 Z_0 で）リターンロスの周波数依存性を調べたところ、問題 3.1 (a) の結果が得られた。この回路を 3 GHz、10 GHz の周波数において、同図 (b) に示した出力抵抗を持つドライバと伝送線路で駆動する場合に、各々どのようなことが起こるかを説明せよ。尚、絶対値をとる前の S_{11} はマイナスの値とする。

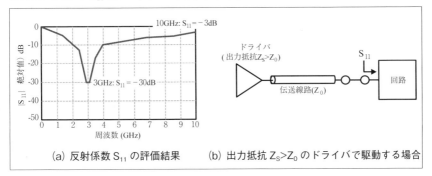

(a) 反射係数 S_{11} の評価結果　　　(b) 出力抵抗 $Z_S > Z_0$ のドライバで駆動する場合

〔問図 3.1〕リターンロス特性が与えられた回路をドライバ駆動する場合

設問 3－2

　式 (3-17) 及び (3-18) を導出せよ。

設問3－3

①スミスチャート上の点aのインピーダンス Z および、反射係数 Γ を求めよ

②回路のインピーダンスが $10+j25(\Omega)$ であったとき、この規格化インピーダンスを求め、スミスチャートにプロットせよ。尚、特性インピーダンス $Z_0=50(\Omega)$ とする。

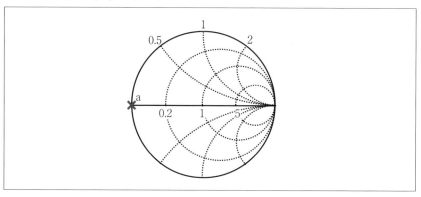

〔問図 3.3〕スミスチャート上のインピーダンス

設問3－4

ある周波数における回路の S_{11} を測定したところ、下図のスミスチャート上のa点（$-0.245-j0.332$）が得られた。この結果から、回路の入力

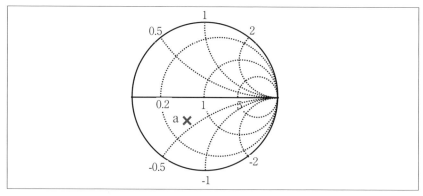

〔問図 3.4〕スミスチャート上の S_{11}

インピーダンスを求めよ。尚、評価系の基準インピーダンスは 50 Ω とする。

設問3−5

ある回路のインピーダンスを直流（0 MHz）から 4 GHz まで測定したところ、下記のスミスチャートが得られた。この結果から、回路図と、回路を構成する素子の値を書け。また、この回路の 100 MHz と 1 GHz におけるインピーダンスをスミスチャート上にプロット（規格化インピーダンスも示すこと）せよ。尚、スミスチャートの基準インピーダンスは 50 Ω である。

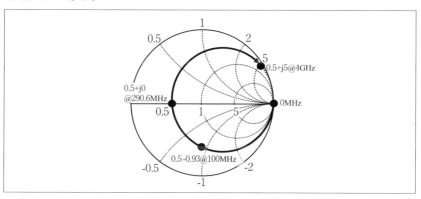

〔問図 3.5〕スミスチャート上のインピーダンス軌跡

設問3−6

下記の括弧内に適した言葉または / 数字を選択せよ。
・スミスチャートは、インピーダンス平面の【　　】を反射係数面状に写像したものである。
　(a) 上半分、(b) 下半分、(c) 右半分
・スミスチャート①の点 A の規格化インピーダンスは、【　　】である。
　(a) 0.2+j0.5、(b) 0.2+j1.0、(c) 1.0+j2.0
・スミスチャート②の円弧群は【　　】の軌跡である。
　(a) 抵抗値一定、(b) インダクタンス値一定、(c) キャパシタンス値一定

・スミスチャート①の点 B の反射係数は【　】である。その理由も説明
　せよ

　　(a) 2.0−j2.0、(b) 0.53−j0.3、(c) 0.53+j0.3

・回路内の点 B に入射する進行波の電圧が 1 mV で、その点を逆方向に
　進行する波の電圧が 30 μV である場合反射係数の大きさは【　　】で
　ある。

　　(a) 3.3、(b) 0.03、(c) 3×10^{-8}

・スミスチャート③の点 A、B のインピーダンスは、基準インピーダン
　ス 50 Ω のとき、A 点は【　　】、B 点は【　　】である。

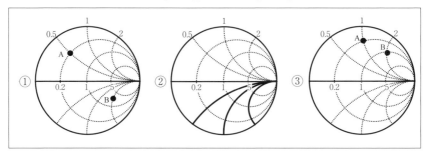

〔問図 3.6〕スミスチャート上のインピーダンスと反射係数

設問 3 − 7

・各々のイミタンスチャートの軌跡から、回路パラメータがどのように
　変更されたかを説明せよ

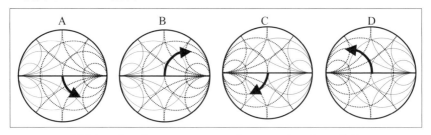

〔問図 3.7〕イミタンスチャート上のインピーダンス軌跡

設問3－8
　高速信号伝送での特性評価に用いられるアイパターンとは何かを述べ
よ。また、高速信号伝送時に発生する「符号間干渉 (ISI)」について説明
せよ。

3 - 12　演習問題の解答

設問 3 - 1 : 解答

3 GHz では、

$$-30 = 20\log_{10}\left|\frac{b_1}{a_1}\right| \to \frac{b_1}{a_1} = 10^{-1.5} = 0.032$$

入射電圧の 3.2 % が反射し、リンギングが発生する。

10 GHz では、

$$-3 = 20\log_{10}\left|\frac{b_1}{a_1}\right| \to \frac{b_1}{a_1} = 10^{-0.15} = 0.707$$

入射電圧の 71 % が反射し、リンギングが発生する。

設問 3 - 2 : 解答

$$\Gamma = \mu + j\upsilon = \frac{(Z_1/Z_0)-1}{1+(Z_1/Z_0)} = \frac{Z-1}{1+Z}$$

$$Z = \frac{1+\Gamma}{1-\Gamma}$$

$$r+jx = \frac{1+(\mu+j\upsilon)}{1-(\mu+j\upsilon)} = \frac{1-\mu^2+j\upsilon(1-\mu+1+\mu)-\upsilon^2}{(1-\mu)^2+\upsilon^2} = \frac{1-\mu^2-\upsilon^2+j2\upsilon}{(1-\mu)^2+\upsilon^2}$$

$$r = \frac{1-\mu^2-\upsilon^2}{(1-\mu)^2+\upsilon^2} \to r+1 = \frac{1-2\mu+\mu^2+\upsilon^2+1-\mu^2-\upsilon^2}{(1-\mu)^2+\upsilon^2}$$

$$= \frac{1-2\mu+1}{(1-\mu)^2+\upsilon^2} = \frac{2(1-\mu)}{(1-\mu)^2+\upsilon^2}$$

$$x = \frac{2\upsilon}{(1-\mu)^2+\upsilon^2}$$

$$(1-\mu)^2 + \upsilon^2 = \frac{2(1-\mu)}{r+1}$$

$$\mu^2 - 2\mu + 1 + \frac{2\mu}{r+1} + \upsilon^2 = \frac{2}{r+1}$$

$$\mu^2 - 2\mu\left(1 - \frac{1}{r+1}\right) + \upsilon^2 = \frac{2}{r+1} - 1$$

$$\mu^2 - 2\mu\frac{\mathrm{r}}{r+1} + \left(\frac{\mathrm{r}}{r+1}\right)^2 + \upsilon^2 = \frac{1-r}{r+1} + \left(\frac{\mathrm{r}}{r+1}\right)^2$$

$$= \frac{(1-r)(1+r)+r^2}{(r+1)^2} = \frac{1-r^2+r^2}{(r+1)^2} = \frac{1}{(r+1)^2}$$

$$\left(\mu - \frac{\mathrm{r}}{r+1}\right)^2 + \upsilon^2 = \frac{1}{(r+1)^2}$$

$$x = \frac{2\upsilon}{(1-\mu)^2 + \upsilon^2}$$

$$(1-\mu)^2 + \upsilon^2 = \frac{2\upsilon}{x}$$

$$(1-\mu)^2 + \upsilon^2 - \frac{2\upsilon}{x} + \frac{1}{x^2} = \frac{1}{x^2}$$

$$(\mu-1)^2 + \left(\upsilon - \frac{1}{x}\right)^2 = \frac{1}{x^2}$$

設問３－３：解答

　点 a の規格化インピーダンスは $Z=0+j0$ であるので、インピーダンスも同じ値。反射係数は、$\Gamma=-1+j0$

②規格化インピーダンスは、$Z=(10+j25)/50=0.2+j0.5$

　反射係数は、

$$\Gamma=\frac{10+j25-50}{10+j25+50}=\frac{-40+j25}{60+j25}=\frac{(-40+j25)(60-j25)}{3600+625}$$

$$=\frac{-2400+625+j(1500+1000)}{3600+625}=-0.42+j0.59$$

設問３－４：解答

$$S=\Gamma=-0.245-j0.332=\frac{r+jx-50}{r+jx+50}$$

$$(-0.245-j0.332)(r+jx+50)=r+jx-50$$

$$\begin{cases}-0.245r-12.25+0.332x=r-50\\ j(-0.245x-0.332r-16.6)=jx\end{cases}$$

$$1.245r=50-12.25+0.332x=37.75+0.332x$$

$$1.245x=-0.332\times\frac{37.75+0.332x}{1.245}-16.6$$

$$=-26.66-0.08853x$$

$$x=-20,\quad r=25\rightarrow\quad Z_{in}=25-j20\,[\Omega]$$

設問３−５：解答

$$\frac{1}{LC} = \omega_0^2 = \left(2\pi f_0\right)^2 = \left(2\pi \times 290.6 \times 10^6\right)^2 = 3.33 \times 10^{18}$$

$$Z_{@f=4\text{GHz}} = R + j\left(\omega L - \frac{1}{\omega C}\right) = R + j\left(\omega LC - \frac{1}{\omega}\right)\frac{1}{C}$$

$$= 25 + j\left(2\pi \times 4 \times 10^9 \times \frac{1}{3.33 \times 10^{18}} - \frac{1}{2\pi \times 4 \times 10^9}\right)\frac{1}{C} = 25 + j250$$

$$C = 30\left[\text{pF}\right], \quad L = 10\left[\text{nH}\right]$$

$$Z_{@f=100\text{MHz}} = R + j\left(\omega L - \frac{1}{\omega C}\right)$$

$$= 25 + j\left(2\pi \times 100 \times 10^6 \times 10 \times 10^{-9} - \frac{1}{2\pi \times 100 \times 10^6 \times 30 \times 10^{-12}}\right) = 25 - j46.7\left[\Omega\right]$$

$$Z_{@f=1\text{GHz}} = R + j\left(\omega L - \frac{1}{\omega C}\right)$$

$$= 25 + j\left(2\pi \times 1 \times 10^9 \times 10 \times 10^{-9} - \frac{1}{2\pi \times 1 \times 10^9 \times 30 \times 10^{-12}}\right) = 25 + j57.5\left[\Omega\right]$$

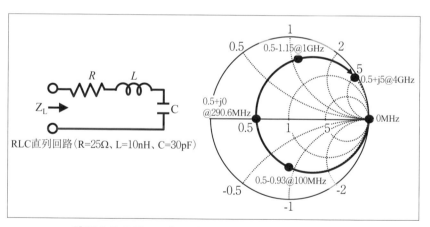

設問 3-5 の解：スミスチャートのインピーダンス軌跡

設問３−６：解答

・スミスチャートは、インピーダンス平面の【(c) 右半分】を反射係数面状に写像したもの

・スミスチャート①の点 A の規格化インピーダンスは、【(a) 0.2+j0.5】である。

・スミスチャート②の円弧群は、【(c) キャパシタンス値一定】の軌跡である

・スミスチャート①の点 B の反射係数は【(b) 0.53−j0.3】である。
　その理由は、|G|<1 で、Γ 平面の下半分であることから

・回路内の点 B に入射する進行波の電圧が 1 mV で、その点を逆方向に進行する波の電圧が 30 uV である場合、反射係数の大きさは【(b) 0.03】である。

設問３−７：解答

　A～D のスミスチャートの軌跡は、周波数が一定である場合には、A の軌跡は、直列に接続したキャパシタンスを減少させた場合で、B の軌跡は、直列に接続したインダクタンスを増加させた場合、C の軌跡は、並列に接続されたキャパシタンスを減少させた場合、D の軌跡は、並列に接続されたインダクタンスを減少させた場合に相当する。

設問３−８：解答

　アイパターン（eye pattern）または、アイダイアグラム（eye diagram）は、信号波形の各ビットの遷移を多数サンプリングし、重ね合わせた波形であり、「目」の開き具合に例えてアイパターンと名付けられている。アイパターンを確認することにより、その目の開き具合や幅などから、伝送路の歪（ひずみ）、帯域幅、あるいはノイズの影響などを含めたタイミングマージンや電圧マージンを一度に評価できる。

　符号間干渉とは、電気通信における信号の歪みの一種で、隣接する符号間で干渉が起きることを意味する。原因は、帯域が制限された伝送路で信号を伝送すると、高周波成分が除去されるとともに、低周波成分もある程度の減衰を生じることによる。

３章の参考文献

[1] 金原粲 監修、「電気回路　改訂版」、実教出版、2016 年。

[2] 市川古都美、市川 裕一 著、「高周波回路設計のための S パラメータ 詳解」、CQ 出版、2007 年。

[3] 中西秀行、「差動伝送路の設計と信号品質」、エレクトロニクス実装 学会誌、Vol. 16、No. 3、pp. 181 - 186、2013。

[4] 倉石源三郎、足立正二、「高周波電力増幅器に用いる大信号 S パラメータ」、電子情報通信学会論文誌 Vol. J64-B、No.12、pp.1343 - 1350。

[5] 岸川諒子、「ベクトルネットワークアナライザ計測の基礎と応用」、 MWE 2017 Microwave Workshop Digest, TH5A-2、pp. 217-226。

[6] 須藤俊夫 監訳、「高速デジタル信号の伝送技術 シグナルインテグリティ入門」、丸善、2010 年。

[7] 江藤良純、金子敏信 著、「誤り訂正符号とその応用」、オーム社、 1996。

[8] 藤井裕子、「M 系列信号の性質と応用」、Design Wave Magagine、No. 7、 pp. 115-116、1996。

4章

Gbps動作高速回路の設計
（回路上の対策）
・演習問題

4－1　スイッチングノイズ

　図 4-1 は、スイッチングノイズを説明する図である。CMOS 回路（ドライバ）の出力が「H」レベルから「L」レベルに、または「L」レベルから「H」レベルに状態を変化（遷移）するときに、貫通電流や充電電流、放電電流などの過渡的な電流が、電源供給経路のパッケージのリード端子やプリント基板のインダクタンスに流れることにより電源電位変動（パワーバウンス：power bounce）やグラウンド電位変動（グラウンドバウンス：ground bounce）と呼ばれるスイッチングノイズが発生する。

　この電圧変動は、自己誘導現象（レンツの法則）に起因するもので、その変動振幅は、過渡電流を $i(t)$、電源供給経路のインダクタンス成分を L とすれば、

$$\Delta v = L \times \frac{di(t)}{dt} \quad \cdots\cdots\cdots\cdots\cdots\cdots\cdots\cdots\cdots\cdots\cdots\cdots \quad (4\text{-}1)$$

で与えられる。従って、共通の電源供給経路に接続された LSI 間のバスドライバのような駆動能力が大きい出力回路が多数同時スイッチングすると、大きな過渡電源電流が流れて大きな電源バウンス及びグラウンド

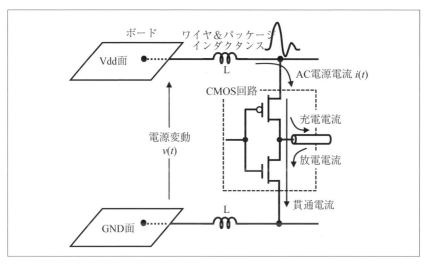

〔図 4.1〕ドライバ回路の状態変化時の電源の電位変動

バウンスが発生する。

　図4.2は、プリント回路基板上の電源面から、*N* 個並列に接続された LSI の出力回路に電源供給された例を示している。このとき、すべての回路が同じタイミングで同じ方向に遷移（「L」レベルから「H」レベルに変化、または「H」レベルから「L」レベルに変化）したときに、電源線やグラウンドに生ずる電位変動を同時スイッチングノイズ（Simultaneous Switching Noise: SSN）という。SSN の電圧変動の大きさもレンツの法則から求められ、電源供給経路の実効インダクタンス L_{eff}、同時に切り替わるドライバ数 *N*、ドライバ電流の電流変化率 *di/dt* とすれば、

$$\Delta v = L_{eff} \times N \times \frac{di}{dt} \quad \cdots\cdots\cdots\cdots\cdots\cdots\cdots (4\text{-}2)$$

で計算できる。

　図4.3は、同時スイッチングノイズのシミュレーション例である。シミュレーションでは、立ち上がり / 立下りの電流変化率が、各々 1.4 mA/nsec、1.9 mA/sec の CMOS 回路が並列に 64 個接続されており（CMOS 回路全体

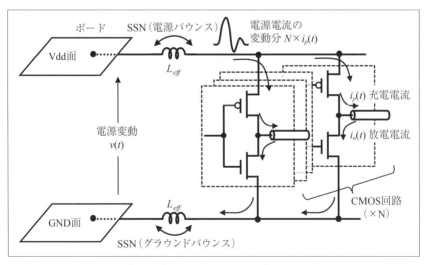

〔図 4.2〕同時スイッチングノイズ

の立ち上がり／立下り電流変化率は各々、90 mA/nsec、120 mA/nsec)、1.8 V 電源及び GND への接続配線にインダクタンス成分が 1 nH あるとした。同図 (a) は電源バウンスの様子であり、同図 (b) はグラウンドバウンスである。いずれも、0.3～0.4 V の電位変動が観測されている。この値は、MOS デバイスのしきい値に相当する値となっており、回路が誤動作を起こす可能性があるレベルである。

　このような、スイッチングノイズによって生ずる問題は、(1) 不要電磁放射波の放射（電磁波妨害）、(2) 論理しきい値（スレシュホールド電圧）の変動、(3) 遅延時間の増大、(4) クロック波形の歪などがある [1] [5]。

　電磁波妨害（Electro Magnetic Interference: EMI）とは、電源供給配線上に流れる高周波ノイズ電流が回路の配線パターンをアンテナとして強い電磁波を放射したり、ケーブル等を伝播して遠方の電子機器に障害を与えたりする問題である。スイッチングノイズによる電源電圧 V_{DD} や、グラウンド電位の変動によって、ドライバやレシーバ回路の論理しきい値 V_{TH} が変動すると、回路が誤動作することもある。電源線やグラウンドに生じた誘導起電圧は、LSI チップの充放電電流を瞬間的に減少させたり、CMOS 回路の駆動電圧を一時的に下げたりするので、出力信号の立ち上がり／立下り波形に歪が生じて遅延時間が増大すれば、タイミングエラーによる回路の誤動作や動作速度低下などを引き起こす。また、スイッチングノイズによる電源電圧の変動で、位相同期回路（Phase

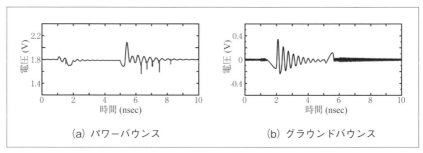

(a) パワーバウンス　　　　(b) グラウンドバウンス

〔図 4.3〕スイッチングノイズのシミュレーション例

Locked Loop: PLL）出力のクロック波形に歪が生じると、クロックデューティの変動、クロックジッタの増加などの問題を引き起こす。

4－2 デカップリングコンデンサ

スイッチングノイズによる電源変動を抑制するためには、CMOS 回路と電源端子の接続点にデカップリングコンデンサを配置することが効果的である。デカップリングコンデンサの働きは、(1) 回路（Integrated Circuit: IC）の電源変動（スイッチングノイズ）を除去すること、(2) IC の動作に伴う過渡的な電流を供給し、電圧を維持することである。

図4.4 の例では、IC パッケージのリードなどのインダクタンス成分による変動を抑制するためのデカップリングキャパシタ①と、IC を実装したボード上のインダクタンス成分による変動を抑制するためのコンデンサ②が配置されている。

動作周波数が比較的低い回路や、ノイズマージンが大きい回路の場合は、デカップリングコンデンサを、図4.4 に示したように電源とグラウンドをつなぐように、IC の電源端子の近くに配置することで容易に形成できる。一方で、高速動作する IC やノイズに敏感な IC では、デカップリングコンデンサのインピーダンスの周波数特性も考慮した設計が必要になる。理想コンデンサの等価回路は図4.5 (a) に示したように、容

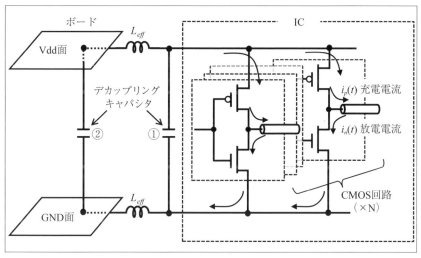

〔図4.4〕デカップリングコンデンサを用いた SSN 低減

量素子のみから構成されており、そのインピーダンスは周波数に逆比例して減少する。従って、高い容量値の理想コンデンサを利用できれば、あらゆる周波数帯でノイズを抑制することが可能になる。ところが、実際のコンデンサは、同図 (b) に示したように、直列等価インダクタンス（Equivalent Series Inductance：ESL）や、直列等価抵抗（Equivalent Series Resistance：ESR）と呼ばれる、インダクタンス成分や抵抗成分が直列接続された特性をもつ。

　この結果、コンデンサのインピーダンスは、角周波数を ω とすると

$$Z(\omega) = R_S + j\left(\omega L_S - \frac{1}{\omega C}\right) \quad \cdots\cdots\cdots\cdots\cdots\cdots\cdots\cdots\cdots\cdots \quad (4\text{-}3)$$

と表わせ、特定の周波数で極小値をもち、それ以上の高周波領域では、リアクタンス成分の符号が反転して、インダクタ特性を持つようになる。

　図 4.6 に、ESR が 0.01 Ω で、ESL が 20 nH である場合の 0.03 μF と 4.7 μF のコンデンサのインピーダンスの周波数特性を示した。実際のコンデンサでは、容量値が異なるときは、すべてのパラメータが変化するが、このシミュレーションでは容量値のみを変更している。解析結果より、容量値が 0.03 μF のコンデンサは 6.2 MHz でインピーダンスが最小になる。この周波数を自己共振周波数という。また、この周波数以上では、キャパシタは、誘導性（インダクタ）として振る舞うので、デカップリングコンデンサとして用いることはできない。一方、容量値 4.7 μF のコンデンサの自己共振周波数は 520 KHz となる。このように、容量値が大きい場合には、自己共振周波数は低くなるので、高周波での利用には適さないことに注意が必要である。

　尚、自己共振周波数におけるキャパシタのインピーダンスは ESR 値

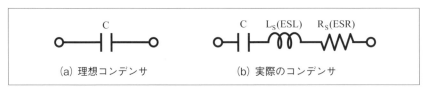

〔図 4.5〕コンデンサの等価回路

であり、自己共振周波数より十分高い周波のインピーダンスは、ほぼ ESL の特性となる。デカップリングコンデンサを使ったときの SSN ノイズ抑制効果は、インピーダンスが小さいほど良いので、高周波領域で有効なデカップリング回路を実現するには、ESR や ESL の小さいコンデンサを選ぶことが重要である。

４－２－１　デカップリングコンデンサの並列接続と反共振

　デカップリングコンデンサが１つでは静電容量が足りない場合や、ESL や ESR が大きいために、目標周波数領域でインピーダンスを低くできないときは、複数のコンデンサを並列接続すると良い。図4.7 (a) は、２つのコンデンサ C_A、C_B を並列接続した場合である。同図 (a) に示した等価回路から、各々のコンデンサのインピーダンス Z_1、Z_2 は、

$$Z_1 = R_1 + j\omega L_1 + \frac{1}{j\omega C_1} = R_1 + j\left(\omega L_1 - \frac{1}{\omega C_1}\right) = R_1 + jX_1$$

$$Z_2 = R_2 + j\omega L_2 + \frac{1}{j\omega C_2} = R_2 + j\left(\omega L_2 - \frac{1}{\omega C_2}\right) = R_2 + jX_2$$

$$(4\text{-}4)$$

で与えられるので、並列接続された回路のインピーダンス Z 及び、そ

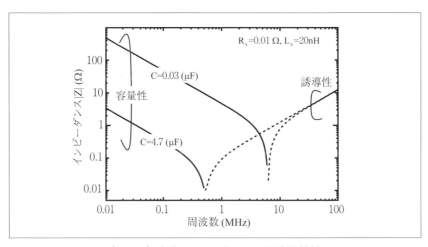

〔図 4.6〕実際のコンデンサの周波数特性

の絶対値 $|Z|$ は、

$$Z = \frac{Z_1 Z_2}{Z_1 + Z_2} = \frac{\left(R_1 + jX_1\right)\left(R_2 + jX_2\right)}{\left(R_1 + R_2\right) + j\left(X_1 + X_2\right)} = \frac{\left(R_1 R_2 - X_1 X_2\right) + j\left(R_1 X_2 + R_2 X_1\right)}{\left(R_1 + R_2\right) + j\left(X_1 + X_2\right)}$$

$$\cdots \text{ (4-5)}$$

$$|Z| = \frac{\sqrt{\left(R_1 R_2 - X_1 X_2\right)^2 + \left(R_1 X_2 + R_2 X_1\right)^2}}{\sqrt{\left(R_1 + R_2\right)^2 + \left(X_1 + X_2\right)^2}} \qquad \cdots\cdots\cdots\cdots\cdots \text{ (4-6)}$$

となる。(4-6) 式は、分子が $X_1=0$（$\omega^2=1/L_1 C_1$）、$X_2=0$（$\omega^2=1/L_2 C_2$）の場合に最小となり、分母が $X_1+X_2=0$ の場合にピークをもつ関数となる。この式を参考に、コンデンサの値を適切に選択すれば、所望の周波数領域でインピーダンスを低くすることが可能となる。一方、自己共振周波が異なる2つのコンデンサを並列接続すると、片方のコンデンサが誘導性で、他方のコンデンサが容量性となる周波数領域において並列共振（反共振）を生じ、この周波数付近のインピーダンスがコンデンサ1つの場合に比べても高くなってしまう可能性があるので注意が必要である。

図 4.7 (b) は、ESR が共に 0.01 Ω（$R_{S1}=R_{S2}=0.01$ Ω）で、ESL も共に 20 nH（$L_{S1}=L_{S2}=20$ nH）で、容量値が 4.7 μF（$C_1=4.7$ μF）と、0.03 μF

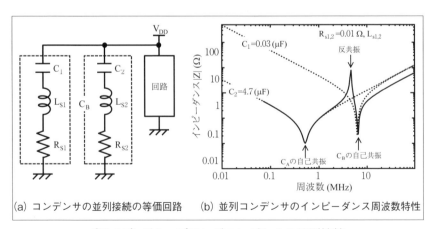

(a) コンデンサの並列接続の等価回路　　(b) 並列コンデンサのインピーダンス周波数特性

〔図 4.7〕デカップリングコンデンサの並列接続

（C_2=0.03 μF）のコンデンサ C_A、C_B を並列接続した場合のインピーダンスの絶対値をプロットした図である。反共振が発生し、インピーダンスのピークが認められる。この回路では、C_A の自己共振周波数より低周波数の領域では 4.7 μF の容量性であり、C_A と C_B の自己共振周波数の間の領域では、キャパシタ C_A は誘導性になるので、L_{S1} と C_2 の並列回路の特性で、キャパシタ C_B の自己共振周波数より高い周波数では、いずれも誘導性になるので、L_{S1} と L_{S2} の並列接続の特性を示すようになる。

　反共振を完全に抑制することは困難であるが、（1）並列に接続するコンデンサの容量値を自己共振周波数が同じになるように揃える、（2）容量値の異なる複数のコンデンサを並列接続する場合は、容量値の間隔を少なくとも 10 倍以内にするなどで、実用上ある程度の効果が期待できる。

4－3　インダクタを使ったデカップリング回路

　スイッチングノイズを除去するための電源デカップリング回路では、コンデンサ以外にインダクタを用いる方法がある。電源デカップリング回路にインダクタを用いる場合には、図 4.8（a）に示した L 型回路のように、IC 直近にコンデンサを配置して、電源からみたインピーダンスが高くならないようにする必要がある。同図（b）は、コンデンサを電源側にも追加して π 型とし、確実なノイズ抑制を実現する回路である。L 型回路でも電源側の配線にコンデンサが用いられる場合があるので、実質的に π 型になることも多い。インダクタを用いた場合のスイッチングノイズ抑制は、インダクタンスが大きい方が効果的であるが、IC 動作で発生する過渡電流は、インダクタと IC 間のコンデンサで供給することになるので、むやみに大きなインダクタンスを用いないようにすべきである。

　尚、図 4.8（b）に示した回路に使われる主なインダクタには、チョークコイルとフェライトビーズがある。フェライトビーズが比較的高周波の幅広い周波数のノイズ削減に用いられるのに対し、チョークコイルは特定の（狭帯域の）周波数のノイズ削減に用いられることが多い。チップフェライトビーズは、フェライトビーズインダクタを表面実装（Surface Mount Device: SMD）対応のチップにしたもので、フェライトで構成されたビーズの中にリード線を通した形状である。リード線に電流

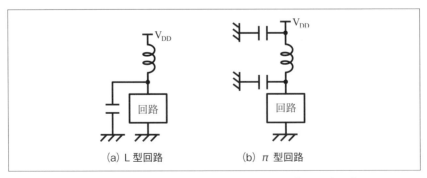

(a) L 型回路　　　　　　　(b) π 型回路

〔図 4.8〕インダクタを用いた電源デカップリング回路

が流れるとフェライトビーズの中に磁束が発生し、インダクタとして働く。また、高周波領域では電流のエネルギーがフェライトで損失となって失われるため、ノイズを効果的に吸収することができる。

　次にインダクタの周波数特性に関して述べる。図4.9は、インダクタの等価回路である。理想のインダクタは同図 (a) に示したインダクタンス成分のみであるが、実際のインダクタは、同図 (b) に示したように並列等価容量（Equivalent Parallel Capacitance：EPC）、並列等価抵抗（Equivalent Parallel Resistance：EPR）、さらに直列等価抵抗（ESR）も考慮して設計を行う必要がある。

　実際のインダクタの特性を導出する際に、直列等価抵抗 R_S は数 Ω 以下と小さく、自己共振周波数付近では $\omega_L \gg R_S$ となるので、並列素子のみに注目して解析を進めることにする。インダクタンス L、並列等価抵抗 R_P、並列等価容量 C_P としたとき、アドミタンス Y は、下記のように近似できる。

$$Y(\omega) = \frac{1}{R_P} + \frac{1}{j\omega L + R_S} + j\omega C_P \cong \frac{1}{R_P} + j\left(\omega C_P - \frac{1}{\omega L}\right) \quad \cdots \quad (4\text{-}7)$$

従って、インピーダンス Z の絶対値は、

$$|Z(\omega)| = \frac{1}{|Y(\omega)|} \frac{1}{\sqrt{\dfrac{1}{R_P^2} + \left(\omega C_P - \dfrac{1}{\omega L}\right)^2}} \quad \cdots\cdots\cdots\cdots\cdots\cdots \quad (4\text{-}8)$$

となる。

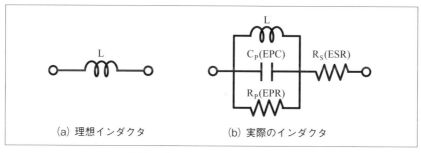

(a) 理想インダクタ　　　　(b) 実際のインダクタ

〔図 4.9〕インダクタの等価回路

　図 4.10 に、EPR が 100 KΩ で、EPC が 10 nF である場合の 10 nH と 1 nH
のインダクタのインピーダンスの周波数特性を示した。実際のインダク
タでは、インダクタンス値が異なる場合には、すべてのパラメータが変
化するが、コンデンサの計算例と同様に、このシミュレーションでは、
インダクタンス値のみを変更している。理想インダクタは、周波数が高
くなるに従って、インピーダンスが直線的に増加するが、実際のインダ
クタは、EPC により、共振現象を引き起こす。計算の結果から、10 nH
のインダクタは 16 MHz の自己共振周波数で共振し、この周波数以上で
は、インダクタは、容量性（キャパシタ）として振る舞う。また、1 nH
のインダクタは、自己共振周波数が 51 MHz である。
　尚、自己共振周波数におけるインダクタのインピーダンスは EPR 値
であり、自己共振周波数より十分高い周波数のインピーダンスは、ほぼ
EPC の特性に対応していることがわかる。従って、高周波領域でイン
ダクタ特性を利用するには EPR や EPC の小さいインダクタを選ぶこと
が重要である。
　実際のインダクタのインピーダンスは、(4-8) 式の逆数から求められ、
その虚部から等価インダクタンスを計算することができる。図 4.11 は、

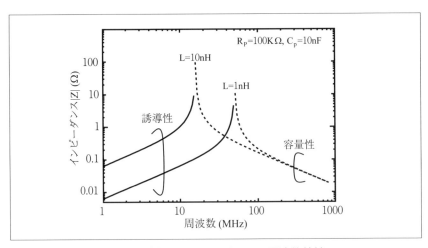

〔図 4.10〕実際のインダクタの周波数特性

EPR が 100 KΩ で、EPC が 10 nF、L=10 nH の場合の等価インダクタンスを求めた結果である。自己共振周波数に近づくほど、インダクタンス値が増加していくことがわかる。インダクタを用いる際には、対象とする周波数帯で、インダクタンス値が大きく変化しない素子を選定する必要がある。

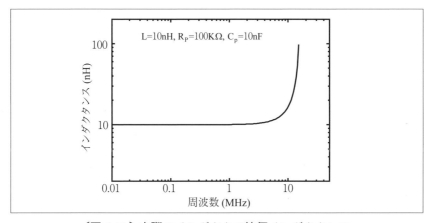

〔図 4.11〕実際のインダクタの等価インダクタンス

4−4　差動伝送回路

　図4.12（a）に示したシングルエンド信号伝送（Single-ended signaling）は、不平衡伝送（unbalanced transmission）とも呼ばれ、1本の信号線によりデジタルデータを伝送し、GNDを基準電位として、受信された信号電位と規定した電位（しきい値）を比較して、信号の「0」、「1」を判定する方式である。シングルエンド信号伝送は、信号が減衰しやすいことに加え、外部ノイズに弱く、立ち上がり/立下りが急峻な高速信号を伝送する場合には、スイッチングノイズによるグラウンドバウンスの影響を受けやすいので、GND面を経由して流れるリターン電流の経路が、GNDの分割などで分断されるとEMIなどのノイズが発生する等の問題があり、高速伝送には適さない方式である。一方で、この方式は構成がシンプルで、低コストであることから、比較的低速なシステムに広く採用されている。

　これに対し、図4.12（b）に示した差動信号伝送（differential signaling）

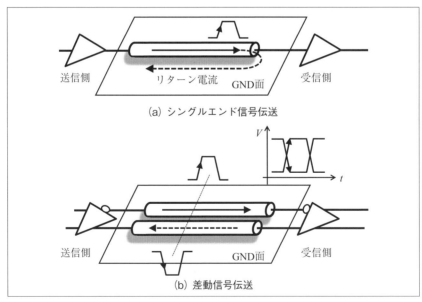

（a）シングルエンド信号伝送

（b）差動信号伝送

〔図4.12〕シングルエンド信号伝送と差動信号伝送

は、互いに結合した伝送線路のペア（差動ペア）を、2個の出力ドライバで、各々正転及び反転信号として駆動する方式で、これら信号の差分電圧が伝送される信号となる。差動信号伝送は、シングルエンド信号伝送に比較して、(1) 出力ドライバの電源電流の変化が小さいのでパワーバウンス及びグラウンドバウンスを小さくでき、信号に重畳されるノイズも小さい。(2) 差動信号伝送では、2本の信号線間を逆向きに電流が流れるので、磁束を互いに打ち消しあう事から、回路から外部に放出される電磁波妨害（EMI）も小さくできる。(3) 2本の信号線間を逆向きに流れる電流でリターン電流も打ち消しあうので、GND面の不連続に対して影響が少ない、(4) 結合した差動ペアを伝搬する差動信号は、外来ノイズに対して強い、などの利点がある。図 4.13 は、ドライバ差動出力が正転信号 V_{D+}、反転信号 V_{D-} 共に 0.25 V で、伝送路の差動ペアに雑音が混入する場合を示している。雑音は差動ペアに同符号で（同相成分として）重畳され、受信信号 V_{R+}、V_{R-} として差動回路に入力される。差動回路では、差信号 $V_{R+} - V_{R-}$ の成分のみ増幅され、同相成分はキャンセルされる。

　このように、差動信号伝送はノイズの影響を抑制できるので、伝送信号の振幅を低くできる利点もある。振幅が一定のまま、立ち上がり/立下り時間を単純に短縮すると、グラウンドバウンスや電源バウンス（電流変化率 Ldi/dt に比例）が増大するが、小振幅化すると同一スルーレー

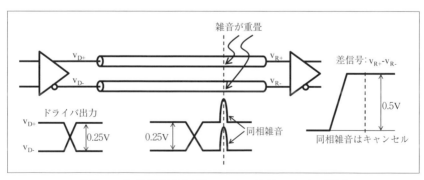

〔図 4.13〕差動信号伝送における外部ノイズの影響

トでも高速化が容易になる。差動動作では、小振幅化して減少したノイズマージンを補償する効果も期待できる。

　図 4.14 は、電流変化率と強い相関がある電圧変化率と立ち上がり時間の関係を示したが、同図 (a) は、振幅 5 V で 10-90 ％ 立ち上がり時間が 5 nsec の場合で、電圧変化率は dV/dt=0.8 V/nsec である。電圧変化率を一定にしたまま振幅を 0.25 V にすれば、10-90 ％ 立ち上がり時間を 312 psec まで短縮できることがわかる。

　差動信号伝送は、高速データレートを実現するための有力な手段である一方、シングルエンド伝送に比較して 2 倍の伝送線路が必要で、プリント基板上または半導体チップ上で大きな面積を必要とする。信号数が増加した場合には、プリント基板の層数増加を招き、パッケージやコネクタ等のピン数も増加するので設計は複雑になり、コスト増加の要因となる。また、図 4.15 に示したように、差動信号のスキューずれ、正転及び反転信号の立ち上がり / 立下り時間 (t_r/t_f) の不一致、信号のデューティなどが差動間でアンバランスになって同相信号が混入すると EMI を生じる可能性があることに留意が必要である。同図 (a) は、差動信号間でスキューずれが発生した場合を示している。実線で示した正転信号に対して、点線で示した反転信号が遅れて受信された状況である。この場合、同図 (a) の下段に示した同相信号成分は、交互にプラスとマイナスの値が現れる。同図 (b) は差動信号間で、立ち上がり / 立下り時間が異なった場合で、この場合、負の値の同相信号が定期的に現れている。同図 (c) は、デューティずれが

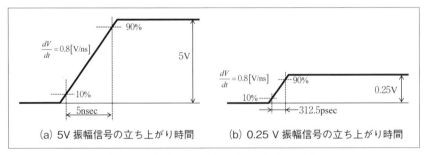

(a) 5V 振幅信号の立ち上がり時間　　(b) 0.25 V 振幅信号の立ち上がり時間

〔図 4.14〕小振幅信号伝送による高速化

発生した場合である。正転信号のデューティが50％より低くなった場合で、負の値の同相成分がパルス幅に従い、現れている。

4－4－1　差動回路の配線パターン設計
　本節では、回路の配線構造や配線パターンによる影響に関して述べる。シングルエンド信号伝送の場合、リターン電流は、GNDプレーンをリターン経路として戻る電流の磁界と、信号配線を流れる電流の発生する磁界とが結合して磁気エネルギーが最小になるように流れる。図4.16（a）に示した例は、低周波信号成分のリターン電流経路であるが、周波数が低い場合には結合が比較的弱いので、リターン電流はGNDプレーン上を広がって流れる。一方、信号速度が高くなると、図4.16（b）に示したようにリターン電流は、信号配線の直下を経由して流れるようになるので、基板設計では、多層基板の層間を接続するためのVIAは、こ

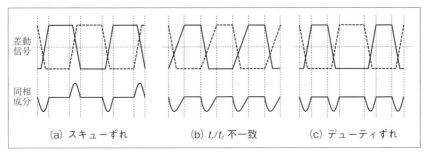

(a) スキューずれ　　　(b) t_r/t_f 不一致　　　(c) デューティずれ

〔図4.15〕差動信号の不完全性による同相成分の発生

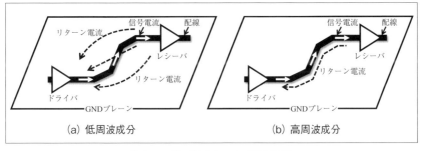

(a) 低周波成分　　　　　　　　　(b) 高周波成分

〔図4.16〕差リターン電流経路

の経路を分断しないように配置する必要がある。

　リターンパスが乱れるような GND のスリットや GND 分離があると、磁界が乱れてコモンモードノイズが発生しやすい状態となり、このコモンモードノイズが電磁波妨害（EMI）を悪化させる。EMI 発生のメカニズムなどは、文献 [1][2] などに詳しく記載されているので、ここでは簡単に述べるにとどめるが、リターン電流経路が不連続であることで発生するコモンモードノイズ起因の EMI には、IC の電源／グラウンド端子に流れる電源電流が、プリント基板における電源／グラウンドプレーンを揺さぶり、基板共振と呼ばれる現象を引き起こし、電磁波を発生する場合がある。この電磁波は、電源／グラウンドプレーンが「パッチアンテナ」として働くことにより放射される。プレーンを長方形と仮定し、その縦横の長さを a、b、基板の比誘電率を ε_r、光速を c_0 とすると、そのプリント基板のもつ共振周波数 f_{req} は、m、n を任意の整数として次のように与えられる。

$$f_{req} = \frac{c_0}{2\pi\sqrt{\varepsilon_r}} \sqrt{\left(\frac{m\pi}{a}\right)^2 + \left(\frac{n\pi}{b}\right)^2} \quad \cdots\cdots\cdots\cdots\cdots\cdots\cdots\cdots\cdots \quad (4\text{-}9)$$

　コモンモードノイズの発生により、(4-9) 式で与えられる複数の共振周波数の電磁波が放射されることも多いので、リターン経路の設計に注意すべきである。

　また、プリント基板の電源層を複数個の島に分割する場合に形成される電源間のスリット部を信号配線が跨ぐように配線すると、リターン電流の経路が信号配線直下を流れることができなくなり、電磁放射が起こる。この現象は、VIA が密に並ぶコネクタ部分でも発生するので注意が必要である。加えて、高周波信号のリターン電流であっても、信号配線の直下のグラウンドプレーン以外の部分にも、わずかながら電流が流れる。従って、信号配線がプリント基板に偏って配置された場合などでは、グラウンドプレーンを流れる電流の不均一さが大きくなることで、コモンモードノイズが発生して、電磁波放射が起こることもある。

差動信号伝送場合は、リターン電流が差動ペアを流れるので、GND
プレーン上のリターン電流経路の分断などの影響を受けにくいが、ペア
信号配線を配置する場合には、差動信号がアンバランスにならないよう
に留意が必要である。

差動信号のアンバランスは、ドライバを構成するデバイスのばらつき
に起因して発生する場合が多いが、伝送線路の構造やレイアウトにより
発生する場合もある。差動ペアをプリント基板や半導体チップ上に形成
するときの例を図 4.17 に示した。同図 (a) はマイクロストリップ線路
を左右に並べて構成した結合ペア配線で、プリント基板の最上層配線に
用いられる。同図 (b) は、ストリップ線路を左右に並べて構成した結合
ペア配線、同図 (c) はストリップ線路を上下に並べて構成した結合ペア
配線で、デュアルストリップ線路と呼ばれる。

差動配線のレイアウトに関しては、図 4.18 (a) に示すように、配線長
をそろえるだけでなく、ペア配線が生成する電磁界が互いの配線間で対
称性を保つようにする必要がある。この結果、レシーバ入力に、スキュ
ーや t_r/t_f の対称な信号を得ることができる。同図 (b) は、差動ペア信号
配線間の配線長が異なっている場合で、その結果として、レシーバ入力
では差動信号間にスキューが発生している。同図 (c) は、差動ペア信号
の配線長は同一であるが、ペア信号の電磁界が対称ではなく、その結果
として、レシーバ入力には、t_r/t_f のバランスがくずれた信号となってい
る。

差動ペア信号の配線にあたっては、図 4.19 に記載したような不平衡

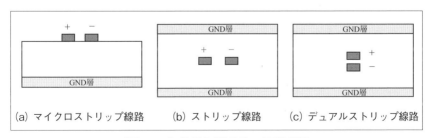

(a) マイクロストリップ線路　　(b) ストリップ線路　　(c) デュアルストリップ線路

〔図 4.17〕差動伝送線路の配線構造

要因が発生しないように留意する必要がある。(a) 点は、ペア配線の上側にのみ別の配線が配置され場合で、ペア配線の周りの電磁界が対称性を持たなくなる結果、コモンモードノイズの発生が懸念される例である。(b) 点では、ペア信号線の下側にのみ VDD または GND パターンがあるので、同様に電磁界の対称性が崩れている。(c) 点は、ペア信号線の上下の配線の信号の方向がアンバランスな場合で、この場合も電磁界分布の対称性が崩れる。(d) 点は、片側の信号線のみ VIA を介して別の配線層に接続されているので、その間の電磁界の乱れに加え、配線長も異なることなどからスキュー発生の懸念もある。(e) 点は、ペア配線の鋭角の曲げによる電磁界の乱れが懸念される場所である。尚、(f) 点は、

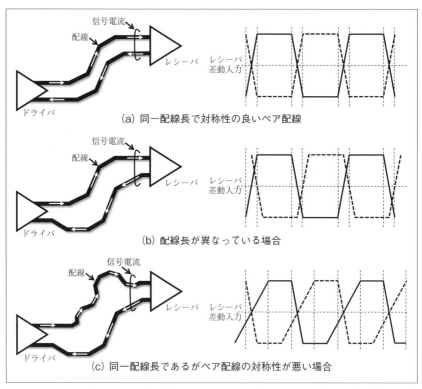

〔図 4.18〕差動ペア配線パターンが信号に及ぼす影響

良好な対称性の例である。

4−4−2　差動インピーダンスと差動線路の終端方法

　本節では、結合した伝送線路を差動信号伝送する場合の終端方法を述べる。このとき、伝送線路インピーダンスは、差動信号からみた「差動インピーダンス」として定義して扱う必要がある。尚、2-11-1 節で述べた奇モード（odd-mode）インピーダンスは、差動インピーダンスと関係があるが、同じではない。奇モードインピーダンスは、差動ペアが奇モードで駆動されたときの伝送線路 1 本の線路のインピーダンスである。

　また、差動ペア伝送路を伝搬する信号には、情報を伝達するための差動信号だけでなく、同相信号またはコモン信号（common signal）もある。コモン信号とは、2 本の差動ペア線路の平均電圧のことであり、差動ペアを伝搬するコモン信号からみたインピーダンスも定義できる。尚、2-11-1 節で述べた偶モード（even-mode）インピーダンスも、コモンインピーダンスと関係があるが、同じではない。偶モードインピーダンスは、差動ペアがコモン信号で駆動されたときの伝送線路 1 本の線路のインピーダンスである。

　次に、差動 / 同相インピーダンスと奇 / 偶モードインピーダンスの関係を導出する。図 4.20 に示したレシーバ側で、線路①の電圧が v_1、線路②の電圧は v_2 であるとする。同図（a）の差動レシーバは、以下で定義される 2 本の伝送線路の差動信号 V_{diff} を受信する。また、受信した差

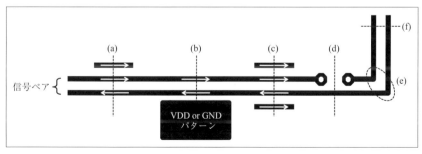

〔図 4.19〕差動パターンの不平衡要因

- 179 -

動電流 i_{diff} は、電流の向きを考えると、各伝送線路を流れる電流と同じにするために 1/2 倍する必要がある。従って、差動電圧及び差動電流は、

$$V_{diff} \equiv v_1 - v_2, \quad i_{diff} \equiv \frac{i_1 - i_2}{2} \quad \cdots\cdots\cdots\cdots\cdots\cdots (4\text{-}10)$$

となる。また、同図（b）に示した受信レシーバにおける同相差動電圧 V_{com} は平均電圧であり、同相電流 i_{com} は、電流の向きを考えると、各線路の和（全電流）となる。従って、同相電圧及び同相電流は、

$$V_{com} \equiv \frac{v_1 + v_2}{2}, \quad i_{com} \equiv i_1 + i_2 \quad \cdots\cdots\cdots\cdots\cdots\cdots (4\text{-}11)$$

と定義できる。以上より、差動インピーダンス及び同相インピーダンスは、

$$Z_{diff} \equiv \frac{v_{diff}}{i_{diff}} = 2\frac{v_1 - v_2}{i_1 - i_2}$$
$$Z_{com} \equiv \frac{v_{com}}{i_{com}} = \frac{1}{2}\frac{v_1 + v_2}{i_1 + i_2} \quad \cdots\cdots\cdots\cdots\cdots\cdots (4\text{-}12)$$

で与えられる。

　次に、奇モード/偶モードの場合の電圧及び電流を定義する。図 4.20 に示す奇モードでは、電圧は逆であり、電流も逆方向に流れるので、

$$V_{odd} \equiv v_1 - v_2, \quad i_{odd} \equiv i_1 - i_2 \quad \cdots\cdots\cdots\cdots\cdots\cdots (4\text{-}13)$$

と定義できる。これに対し、偶モードでは、電圧は even モードでは電圧は同じで、電流も同方向に流れることから、

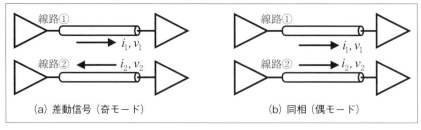

（a）差動信号（奇モード）　　　（b）同相（偶モード）

〔図 4.20〕差動（奇モード）及び、同相（偶モード）の電圧、電流

$$V_{even} \equiv v_1 + v_2, \quad i_{even} \equiv i_1 + i_2 \quad \cdots\cdots\cdots\cdots\cdots\cdots\cdots \text{(4-14)}$$

と定義できる。尚、実際に伝送線路を伝搬する信号の電圧及び電流は、奇モードと偶モードの重ね合わせになっていることにも留意が必要である。対称な差動伝送ペアでは、差動信号は伝送線路ペアの奇モードで伝搬し、同相信号はペアの偶モードで伝搬する。奇モードで伝搬する電圧成分 V_{odd} が差動成分で、偶モードで伝搬する電圧成分 V_{even} /2 が同相成分である。

$$V_{odd} = V_{diff} = v_1 - v_2$$
$$\frac{1}{2}V_{even} = V_{com} = \frac{1}{2}(v_1 + v_2) \quad \cdots\cdots\cdots\cdots\cdots\cdots\cdots \text{(4-15)}$$

　尚、差動ペアを伝搬する任意の信号は、偶モードで伝搬する信号成分と、奇モードで伝搬する信号成分と組み合わせで表すことができる。

$$v_1 = V_{even} + \frac{1}{2}V_{odd}$$
$$v_2 = V_{even} - \frac{1}{2}V_{odd} \quad \cdots\cdots\cdots\cdots\cdots\cdots\cdots \text{(4-16)}$$

奇モードと偶モードインピーダンスは、定義より、

$$Z_{odd} \equiv \frac{v_{odd}}{i_{odd}} = \frac{v_1 - v_2}{i_1 - i_2}$$
$$Z_{even} \equiv \frac{v_{even}}{i_{even}} = \frac{v_1 + v_2}{i_1 + i_2} \quad \cdots\cdots\cdots\cdots\cdots\cdots\cdots \text{(4-17)}$$

となる。差動信号からみた差動インピーダンスは、各線路のリターン経路に対するインピーダンスの直列接続であり、(4-12) 式及び (4-15) 式から、差動インピーダンスは奇モードインピーダンスの2倍になることがわかる。従って、

$$Z_{diff} = 2Z_{odd} \quad \cdots\cdots\cdots\cdots\cdots\cdots\cdots \text{(4-18)}$$

となる。また、同相インピーダンスと、偶モードインピーダンスの関係は、

$$Z_{com} = \frac{Z_{even}}{2} \quad \cdots\cdots\cdots\cdots\cdots\cdots\cdots\cdots\cdots\cdots\cdots\cdots\cdots\cdots\cdots (4\text{-}19)$$

である。

　図 4.21（a）は、図 2.49 で示したマイクロストリップ線路構造の電磁界シミュレーションの結果で、線路が接近して結合が強くなると、各々の線路の特性インピーダンスが変化する。差動信号伝送では、線路間が短くなると電気力線が多くなるので低インピーダンスになる一方、偶モードでは、線路間に電気力線が存在しないので、線路が接近するにつれて高インピーダンスになる。

　図 4.21（b）は、差動インピーダンスのシミュレーション結果である。(4-15) 式で示されたように奇モードインピーダンスの 2 倍になっている。

　図 4.22 は差動伝送線路の終端方法の代表例を示した。50 Ω 伝送線路の場合、同図（a）のブリッジ終端では線間を 100 Ω の抵抗で終端し、一方、同図（b）のシングルエンド終端ではそれぞれの線路を 50 Ω で終端する。結合伝送線路の解析より得られるモード反射係数 [3] によれば、ブリッジ終端で用いる終端抵抗を $1/y_{12}=2Z_{odd}$ とすると差動信号に対しては整合がとれるが、偶モード成分に対して完全反射となる。一方、シングルエンド終端で、終端抵抗値を $1/y_{11}=1/y_{22}=Z_{odd}$ とすると、偶モード成分に対して一部反射することがわかる。この理由は、これらの終端

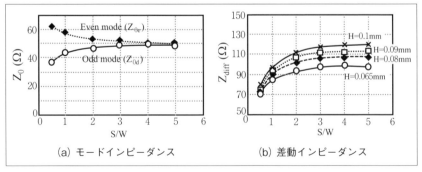

（a）モードインピーダンス　　　（b）差動インピーダンス

〔図 4.21〕マイクロストリップ差動線路のインピーダンス

方式が、線路間の結合を考慮しない簡易終端方式であるためである。線路の結合が弱い場合には、この終端方法であっても、偶モード成分の反射を小さくできる。同図 (c) の π 型終端及び、同図 (d) の T 型終端では、線路間が近接して結合が強くなっても、偶モード及び奇モードの両方に整合が取れる。

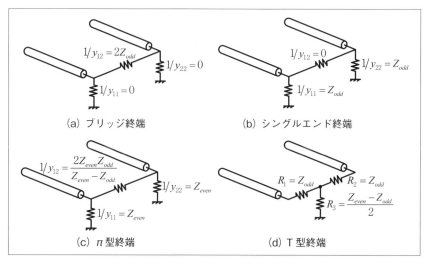

〔図 4.22〕終端方法に対する整合条件

4－5　高速差動インターフェース

　差動信号伝送は、多くの遠距離通信用の規格に採用されているが、最もよく使われている信号形式の一つが、小振幅の差動信号伝送であるLVDS（Low-voltage differential signaling）で、TIA/EIA－644、IEEE1596.3で標準化されたシリアル・インターフェース向け物理層仕様である。図4.23 は LVDS 差動伝送におけるドライバ回路とレシーバ回路入力部の例である。ドライバ回路は 3.5 mA の定電流源で駆動され、受信端で 100 Ω 終端時に 350 mV の振幅をもつ差動信号でデータを判定する。データ伝送速度は標準規格の中で、最大で 655 Mbps と定められているが、3 Gbps の高データ伝送速度をカバーする例もある。

　LVDS の信号レベルは、図 4.24（a）に示したように 2 本の差動信号である正転信号と反転信号が、1.2 V のコモンモード電圧（V_{CM}）を中心に、V_{OH}=1.375 V、V_{OL}=1.025 V とした電位差 350 mV と規定されている。レシーバの差動回路で、この信号は、同図（b）で示した差信号として検知される。同図（b）は差動成分のみを表しているが、レシーバ回路は差動動作しているので、同相成分が 0.2 V～2.2 V の広範囲であっても受信できる。また、受信時の「0」、「1」の判定は ±100 mV と定義されており、ノイズマージンは、信号振幅の代表値（typ. 値）の 70 % 以上、最悪値で

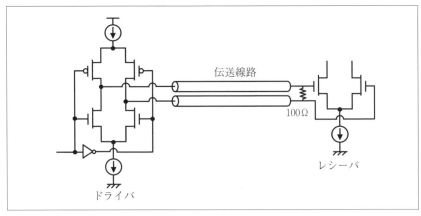

〔図 4.23〕高速差動インターフェース（LVDS 回路）

も 60 ％ と規定されている。

　他の高速インターフェース回路に、GLVDS（Ground referenced impedance matched LVDS）がある。GLVDS は、送信ロウレベル / ハイレベル出力が 0/5 V で、レシーバ入力感度（最小受信判定レベル）が 100 mV という低電圧インターフェースである。LVDS 規格との違いは、図 4.25 に示したように、レシーバ入力整合が T 型終端となっており、LVDS で

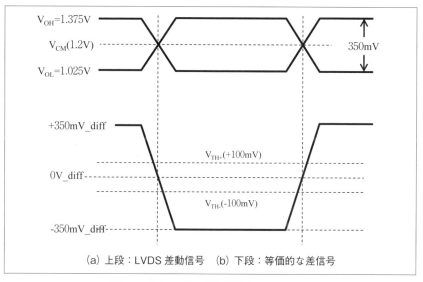

(a) 上段：LVDS 差動信号　(b) 下段：等価的な差信号

〔図 4.24〕LVDS 回路の出力信号レベル

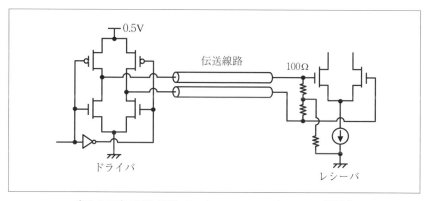

〔図 4.25〕高速差動インターフェース（GLVDS 回路）

問題であった偶モードに対する完全反射を低減している。また、T 型終端が GND を基準としているので、送信ドライバは電流切り替え型構成を採用し、0.5 V 電源で駆動できる回路であることも特徴の一つである。この理由により、太陽電池などの微弱電力で駆動する回路への応用に期待されている。GLVDS は、送信回路電流に関して規定していないので、短距離応用では 1.5〜3 mA で、長距離伝送では 8〜15 mA などに設計される。

　CML（Current mode logic）は、図 4.26 に示したような回路構成で、消費電力は比較的大きいが、信号の立ち上がり / 立下り速度（エッジレート）が速いために、数 Gbps の高速インターフェースで採用されている。出力振幅は、標準値が 800 mV で 1 対 1（ピア・ツー・ピア）構成である。LVDS のように規格化がされていないので、製品ごとに入出力の仕様が異なり、異なる仕様の回路を接続する際には、一般的に AC 結合が用いられる。レシーバ端での入力整合は、シングルエンド終端で行い、差動線路間の結合は無視している。

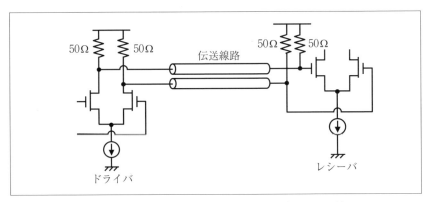

〔図 4.26〕高速差動インターフェース（CML 回路）

4-6　伝送路損失の補償回路技術

　プリント基板上に配置された伝送路を伝搬する信号速度が高速であったり、伝送距離が長くなったりした場合には、信号損失が増え、符号間干渉などで信号品質が劣化する。伝送線路損失を補償するために、様々な回路上の工夫がなされているが、その代表例を図4.27に示した。送信側での代表的な補償回路が「プリエンファシス（pre-emphasis）」で、受信側では、「イコライザ（Equalizer）」及び、「判定帰還型等化器（Decision Feedback Equalizer：DFE）」である。プリエンファシスとイコライザ及びDFEは、アナログ動作による補償技術である。これに加え、デジタル領域で8B10B変換という符号化方式による符号間干渉を低減する方法がある。

　送信側の補償技術であるプリエンファシスは、高周波領域での損失が大きい伝送線路で用いる技術で、伝送路の損失が既知である場合は、伝送路の特性に従って送信信号の高周波成分を強調するようにドライバ回路を動作させる。もし、伝送路の特性が不明の場合は、受信側からのフィードバックを基に係数を決定する。また、伝送速度が高く、高周波成分を強調することが困難な場合には、低周波成分を減衰させることにより相対的に高周波成分を強調する方法（デエンファシス）が採用されることが多い。

　図4.28は、タップ数3の場合のプリエンファシスの例を示している。ドライバからの出力信号を、プリエンファシス回路の入力 $V_{in}(t)$ とし、クロックにより1ビットずつ遅延させ、伝送路の特性に応じた重み係数

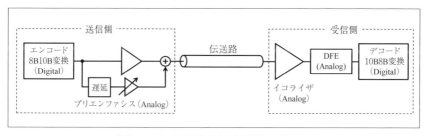

〔図4.27〕伝送線路損失補償の全体図

をかけて合成した信号 $V_{out}(t)$ を伝送路に送信する構成である。

このとき、伝送路に送信される信号 $V_{out}(t)$ は、

$$V_{out}(t) = a_0 V_{in}(t) + a_1 V_{in}(t - \Delta t) + a_2 V_{in}(t - 2\Delta t) \quad \cdots\cdots\cdots (4\text{-}20)$$

で与えられる。図 4.29 は、重み係数を $a_0=1$、$a_1=-0.3$、$a_2=0.1$ とした場合の各段の出力波形合成の様子である。図中 3 段目までは、入力信号 $V_{in}(t)$（重み係数 $a_0=1$ なので、(4-20) 式の右辺第 1 項の波形と同じ）及び、1 ビ

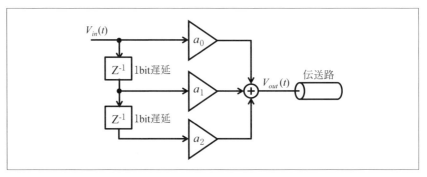

〔図 4.28〕プリエンファシスのブロック図

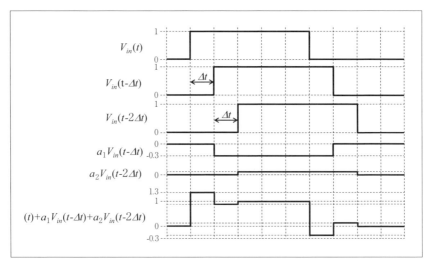

〔図 4.29〕プリエンファシスの出力波形合成の様子

ット遅延波形 $V_{in}(t-\Delta t)$、2 ビット遅延波形 $V_{in}(t-2\Delta t)$ を示している。4段目は重み係数 $a_1=-0.3$ をかけた 1 ビット遅延波形、5 段目は重み係数 $a_2=0.1$ をかけた 2 ビット遅延波形である。最終段は、(4-20) 式に従って合成した波形となっている。このような合成により、信号が 0 → 1、1 → 0 への遷移付近でオーバーシュートやアンダーシュートがある波形を生成できる。このような波形は、高調波成分を含むもので、伝送路の特性に応じて、どの高調波成分を強調するのかを事前に解析して、重み係数を決定する。

　一方、受信側の補償技術であるイコライザは、特定の周波数における利得を増減する回路である。もし、伝送路を経由して受信した信号の特定周波数における利得の減衰量がわかっているならば、その周波数成分の利得を高くするように受信回路を設計すればよい。イコライザ回路には、利得が減衰する特定周波数以外の利得を下げる回路もある。例えば、低周波領域の利得を下げることにより、相対的に高周波領域の利得を高くする回路である。図 4.30 は、差動型のイコライザ回路で、差動構成の MOS ソース端子に縮退インピーダンス回路を挿入している。この回路により、特定の周波数で利得にピーキングを持たせることができる。この回路の伝達関数は、(4-21) 式のように求められる [4]。

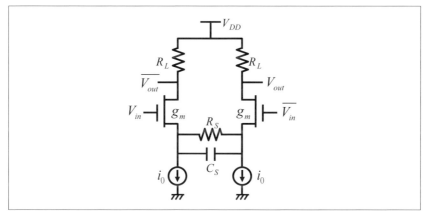

〔図 4.30〕イコライザ回路

$$\frac{V_{out}}{V_{in}} \doteqdot \frac{g_m R_L}{1+\dfrac{g_m R_S}{2}} \times \frac{1+j\omega C_S R_S}{1+j\omega \dfrac{C_S R_S}{1+j\omega \dfrac{R_S}{2}}} \quad \cdots\cdots\cdots\cdots\cdots (4\text{-}21)$$

　図 4.31 は、電源電圧 V_{DD}=1.8 V、差動負荷抵抗 R_L=1 KΩ、負荷容量 C_L=0.2 pF、縮退インピーダンス回路に R_S=500 Ω、C_S=2 pF、電流源 i_0=1 mA とした時の差動回路利得の周波数特性を回路シミュレーションで求めた結果である。目標帯域 1 GHz 付近でピーキングが発生していることがわかる。

　送信側で補償するプリエンファシス及びデエンファシスは、伝送線路の損失がそれほど大きくない場合には有効である。もし、高周波領域で数 10 dB もの減衰が発生するような伝送路に適用して低周波領域の利得を著しく抑圧してしまうと、受信信号のアイパターンが開かなくなる。このような場合は、受信側で実行するイコライザが有効である。

　さらに、波形の歪みが大きくなり、イコライザでも補償が難しくなるような場合には、判定帰還型等化器（DFE）が用いられる。この回路の原理を、図 4.32 を用いて説明する。DFE は、受信信号の論理値を判定する識別器と、判定した論理値に遅延と重みづけ（タップ係数）を行う

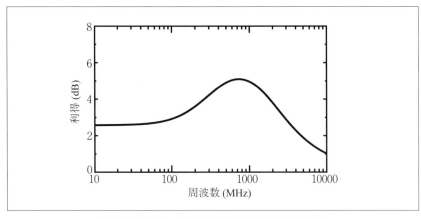

〔図 4.31〕イコライザ回路利得の周波数特性

タップ回路で構成され、重みづけされた各々の出力を加算し、識別器の入力信号に帰還する構成である。この構成により、事前に検出した論理値を基に受信信号から符号間干渉を差し引く動作が可能になる。また、タップ数を増やせば、受信信号を細かく補償できる。

図4.32において、識別回路の判定結果を $D(t)$、kビット遅延した出力を $D(t-k\Delta t)$ とすれば、重みづけされた帰還信号を加えた識別器入力の信号 $V_{out}(t)$ は、

$$V_{out}(t) = V_{in}(t) + a_1 D(t-\Delta t) + a_2 D(t-2\Delta t) + a_3 D(t-3\Delta t) \quad (4\text{-}22)$$

となる。

図4.33にDFEの動作波形を示した。同図（a）は、送信端で1UI（1ビット）の矩形波出力が、損失のある伝送路を経由して受信端に到達した応答波形であり、送信波形とは大きく異なり、波形の幅が広がっていることがわかる。これが符号間干渉の原因であるので、DFEの帰還信号により補正を行う。同図には、受信した信号の数クロック前からサンプリングして判定した値に、重みづけをした帰還信号も同時に示している。伝送路の特性があらかじめ予測できていれば、重みづけ（タップ係数）

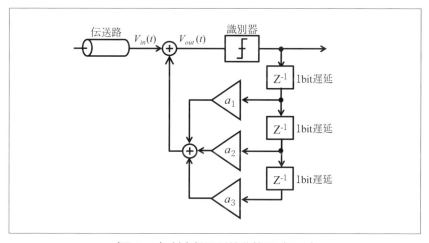

〔図4.32〕判定帰還型等化機器（DFE）

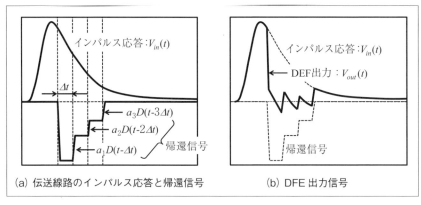

〔図 4.33〕DFE の動作波形

を決めて受信信号に加算することができる。同図（b）は、DFE 出力を示しており、伝送路で歪んだ受信信号を、送信端の出力信号に近づけることができるとわかる。

　上述したアナログ動作による補償回路を用いても、伝送速度が高くなると補償することが困難になる場合がある。受信信号の劣化は、2 章で述べたように長い連続符号による符号間干渉が要因であるので、同一符号が連続する場合に連続を避けた別の符号に置き換える方法、すなわちエンコードを用いる手法が考えられている。最も多用されるエンコードが 8B/10B 変換で、これは 8 ビットのデータをあらかじめ決められたテーブルに基づいて 10 ビットに変換する方法である。8B/10B 変換では、同一符号の連続は最大 5 までにすることができる。

　このエンコードにより、信号の中にクロックを埋め込むことやエラー検出も可能となるので、高速シリアル伝送では必須の技術である。8B/10B 変換は、8 ビットのデータを 10 ビットに変換するので、ビットレートは 1.25 倍（2.4 Gbps の場合は 3 Gbps）に増加するが、アイ開口は逆に広げることができる。

4－7　演習問題

設問 4 － 1

　CMOS 出力バッファ回路が 64 本同時にスイッチングした時のグラウンドの電位変動の大きさを、簡易式を使って見積もれ。このときパッケージのインダクタンス L を 5 [nH]、出力バッファ回路一本当たりの電流変化率 di/dt を 5 [mA/ns] とする。

設問 4 － 2　下記の文章の括弧内に数値を入れよ

　結合していない 2 本の、特性インピーダンスが 50 Ω の伝送線路が差動ペアを形成している場合、奇モードインピーダンスと偶モードインピーダンスはいずれも（①）である。この時、差動インピーダンスは（②）、コモンインピーダンスは、（③）である。

　上述した同じ構造の伝送線路を、互いに近接して配置した場合を考える。この時、2 本の伝送線路をオッド（奇）モードで駆動した際の特性インピーダンスが 45 Ω であった場合は、この線路ペアの差動インピーダンスは、（④）である。また、同じ 2 本の伝送線路をイブンモードで駆動した際の特性インピーダンスが 58 Ω であれば、この線路をコモン伝送で駆動する時の同相インピーダンスは、（⑤）である。

設問 4 － 3

　差動伝送線路の代表的な終端方法の構成と、その特徴を述べよ。

設問 4 － 4

　波形の品質劣化改善策であるプリエンファシスとイコライザの動作とその効果を説明せよ。

4－8　演習問題の解答

設問 4 － 1 ：解答

$$\Delta v = N \times L \times \frac{di}{dt} = 64 \times 5 \times [\mathrm{nH}] \times 5 [\mathrm{mA/ns}]$$

$$= 64 \times 5 \times 10^{-9} \times 5 \times \frac{10^{-3}}{10^{-9}} = 64 \times 5 \times 5 \times 10^{-3} = 1.6 [\mathrm{V}]$$

設問 4 － 2 ：解答

① 50 Ω、② 100 Ω、③ 25 Ω、④ 90 Ω、⑤ 29 Ω

設問 4 － 3 ：解答

　50 Ω 伝送線路の場合、ブリッジ終端では伝送線路の終端として、線間を 100 Ω の抵抗で終端する。このとき、差動信号に対しては整合がとれるが、偶モード成分に対して完全反射となる。シングルエンド終端では、それぞれの線路を 50 Ω で終端する。このとき、偶モード成分に対しては、一部反射する。以上 2 つの終端方法では、線路間の結合を考慮しない簡易終端方式であるために反射が発生する。もし、線路の結合が弱い場合には、この終端方法であっても、偶モード成分の反射を小さくできるので、採用される場合がある。一方、π 型及び、T 型終端では、線路間が近接して結合が強くなっても、偶モード及び奇モードの両方に整合が取れる。

設問 4 － 4 ：解答

　送信側の補償技術であるプリエンファシスは、高周波領域での損失が大きい伝送線路で用いる技術で、伝送路の損失が既知である場合は、伝送路の特性に従って送信信号の高周波成分を強調するようにドライバ回路を動作させる。

　受信側の補償技術であるイコライザは、特定の周波数を増減する回路である。受信した信号が、伝送路で特定の周波数が減衰したことがわかっているならば、その周波数成分の利得を高くするように受信回路を設

計すればよい。イコライザ回路には、低周波領域の利得を下げることにより、相対的に高周波領域の利得を高くする回路もある。

4章の参考文献

[1] 須藤俊夫 監訳、「高速デジタル信号の伝送技術 シグナルインテグリティ入門」、丸善、2010 年。

[2] 高木相 監修、「EMC 原理と技術 製品設計とノイズ／EMC への知見」、科学情報出版、2015 年。

[3] 須藤俊夫、工藤潤一、黄躍芝、伊藤健志、「差動伝送線路とミアンダ線路の電気特性」、エレクトロニクス実装学会誌 Vol.4 No.7、pp. 562-567、2001。

[4] 浅田邦博、松澤昭共編、「アナログ RF CMOS 集積回路設計」培風館、2011.

[5] 浜村博史、「絵で見る電磁ノイズの世界－原理から対策まで－」、三省堂書店

索引

■ 著者紹介 ■

前多 正（まえだ ただし）

芝浦工業大学　工学部教授　博士（工学）

1983 年 豊橋技術科学大学電気電子工学専攻修了。同年、日本電気株式会社入社。1999 年 同社光無線デバイス研究所主任研究員、2006 年 同社デバイスプラットフォーム研究所主幹研究員。2010 年からルネサスエレクトロニクス株式会社を経て、2015 年より現職。

2005 年〜 2010 年 International Solid State Circuit Conference（ISSCC）プログラム委員、2018 年電子情報通信学会英文論文誌 (A) 小特集プログラム編集委員長などを歴任。

専門はアナログ RF 回路設計。現在は、低消費電力 RF トランシーバ、環境電波エネルギーハーベスト、集積化 RF バンドパスフィルタに関する研究を推進中。所属学会は、米国電気電子学会（IEEE）、電子情報通信学会。

●ISBN 978-4-904774-77-9　　　　北九州市立大学　梶原 昭博　著

設計技術シリーズ

ミリ波レーダ技術と設計
－車載用レーダやセンサ技術への応用－

本体 4,700 円＋税

発行／科学情報出版（株）

●ISBN 978-4-904774-61-8　　　　静岡大学　浅井 秀樹　監修

設計技術シリーズ

新／回路レベルのEMC設計
－ ノ イ ズ 対 策 を 実 践 －

本体 4,600 円＋税

発行／科学情報出版（株）

● ISBN 978-4-904774-84-7

九州工業大学　安部 征哉
オムロン㈱　財津 俊行・上松 武　著

設計技術シリーズ

デジタル電源の 基礎と設計法
―スイッチング電源のデジタル制御―

本体 4,000 円＋税

発行／科学情報出版（株）

●ISBN 978-4-904774-83-0

茨城大学　鵜野 将年　著

設計技術シリーズ

パワーエレクトロニクスにおける
コンバータの基礎と設計法
—小型化・高効率化の実現—

本体 3,200 円＋税

発行／科学情報出版（株）

設計技術シリーズ

高速デジタル信号伝送回路の設計と評価法
～基礎から実践演習まで～

2021年2月28日　初版発行

著　者　　前多 正　　　　　　　　　　　　　　　©2021

発行者　　松塚 晃医
発行所　　科学情報出版株式会社
　　　　　〒300-2622　茨城県つくば市要443-14 研究学園
　　　　　電話　029-877-0022
　　　　　http://www.it-book.co.jp/

ISBN 978-4-904774-74-8　C2054
※転写・転載・電子化は厳禁